并行离群数据挖掘及应用

李俊丽　著

科学技术文献出版社
SCIENTIFIC AND TECHNICAL DOCUMENTATION PRESS
·北京·

图书在版编目（CIP）数据

并行离群数据挖掘及应用 / 李俊丽著. —北京：科学技术文献出版社，2021.3
（2022.1重印）

ISBN 978-7-5189-7738-3

Ⅰ.①并… Ⅱ.①李… Ⅲ.①数据采集—研究 Ⅳ.① TP274

中国版本图书馆 CIP 数据核字（2021）第 049309 号

并行离群数据挖掘及应用

策划编辑：周国臻　责任编辑：张 丹　邱晓春　责任编辑：王瑞瑞　责任出版：张志平

出 版 者	科学技术文献出版社
地 址	北京市复兴路15号　邮编 100038
编 务 部	（010）58882938，58882087（传真）
发 行 部	（010）58882868，58882870（传真）
邮 购 部	（010）58882873
官 方 网 址	www.stdp.com.cn
发 行 者	科学技术文献出版社发行　全国各地新华书店经销
印 刷 者	北京虎彩文化传播有限公司
版 次	2021 年 3 月第 1 版　2022 年 1 月第 2 次印刷
开 本	710×1000　1/16
字 数	140千
印 张	8.75
书 号	ISBN 978-7-5189-7738-3
定 价	39.00元

前　言

　　数据挖掘技术应用范围很广，是迅速发展的交叉学科，它基于数据库理论、机器学习等。数据挖掘技术涉及的算法很多，包括聚类、分类、关联规则和离群数据挖掘等诸多算法。随着大数据时代的到来，数据已经渗透到当今每一个行业和业务职能领域，成为重要的生产要素。大数据孕育在信息通信技术的日渐普及和成熟过程中，对社会经济生活产生的影响很大。因而，数据挖掘不再是针对少量或是样本化、随机化的精准数据，而是海量、混杂的大数据。数据挖掘的意义是从海量数据中找到有意义的模式或知识。离群数据挖掘作为数据挖掘领域中的一个主要研究内容，是要从数据集中挖掘出严重偏离其他对象的数据对象，它是由一个不同的机制产生的，导致了这样的对象完全不同于其他对象。在实际应用中，人们经常对这些对象更感兴趣。离群数据挖掘已经在故障检测、欺诈检测、入侵检测、健康系统监视和工业控制系统异常检测等领域应用非常广泛。现有的离群数据挖掘算法因其时空复杂性和I/O代价高，难以适应大数据分析处理任务，利用集群系统、并行技术的强大数据处理能力，研究面向大数据的并行离群挖掘方法和性能优化，对于如今信息爆炸的大数据时代具有重要意义。

　　本书是笔者近年来从事数据挖掘与并行计算方面研究的总结，

书中部分内容还参考了国内外同行近年来在数据挖掘理论应用研究领域方面取得的最新成果。全书围绕大数据时代数据处理的核心理论与技术问题，将数据挖掘技术、并行算法设计及计算模型的优化技术进行有机结合，并应用到生产和生活中。

全书共由 7 章组成，其中：第 1 章主要介绍数据挖掘技术、离群挖掘、集群系统与 Spark 并行计算模型及大数据的相关概念、理论基础和应用。第 2 章利用特征分组，针对高维分类数据集，研究了一种基于加权特征分组的离群检测新方法，通过将特征分为多个特征组来发现每个组中特征模式的不同方面。第 3 章利用 Spark 计算平台，研究了高维分类数据的并行离群检测算法。第 4 章通过分析属性间的相关性，研究了一种基于互信息的混合属性离群检测算法。该算法在互信息机制下给出了针对数值型和分类型统一的属性加权方法和离群得分计算方法，而且不同类型属性下的相似性度量也进行了规范化处理。第 5 章针对互信息计算的复杂性问题，充分利用 Spark 并行计算框架的强大计算能力，研究了一种并行互信息计算方法，该算法利用列变换和虚拟数据划分技术降低了网络传输和计算代价。第 6 章以某钢铁企业实际的冷轧辊产品加工数据为背景，设计与实现了冷轧辊制造过程离群检测原型系统，从而为企业开展产品质量控制提供了一种新的技术方法和解决思路。第 7 章是研究的总结与展望。

本书的完成得到了太原科技大学计算机学院数据挖掘和智能信息系统实验室团队成员的大力支持，尤其是张继福教授对本书提出了宝贵建议。另外，美国奥本大学秦啸教授在研究过程中给予了许多有益的指导和建议。在此一并致以诚挚的谢意。

本书所涉及的研究工作得到了国家自然科学基金资助项目（No. 61602335、No. 61876122）、晋中学院博士科研启动基金项目的资助，在此谨向相关机构表示深深的感谢。

由于笔者水平有限，书中难免存在不足之处，欢迎各位专家和广大读者批评指正。

李俊丽

2020 年 11 月

目　录

第1章 绪 论

大数据催生了各行各业的迅速发展，各领域呈现出了新产品、技术、服务和发展业态。大数据的战略意义不在于拥有庞大的数据资源，而在于提高对数据的"加工能力"，通过"加工"实现数据的"增值"。数据挖掘是实现大数据知识发现的有效手段和途径，利用数据挖掘技术能够深层次地了解大数据背后的价值。离群检测作为数据挖掘的主要研究内容之一，其基本任务是发现不同于大多数数据对象的异常数据。由于大数据呈现出了海量、复杂性、多样性、类型丰富等特征，现有的离群检测算法由于其时空复杂性高，已经难以满足大数据对计算能力和数据处理模型的实际需求。因此，Spark 计算平台下并行离群检测方法及其性能优化对大数据发展具有重要意义。

1.1 大数据挖掘及应用

21 世纪以来，随着信息技术的飞速发展，大数据的概念几乎众所周知，已经渗透到人们生活的各个领域。计算机技术、网络技术和移动通信技术的迅速发展和其他现代先进技术和推广应用的方法和手段使人们获取数据的途径迅速增加，行业应用系统的规模扩张，生成的应用程序数据的爆炸性增长使人们还没有时间适应信息时代的发展，已经来到大数据的信息爆炸时代。

数据类型和增长速度随着大数据时代的到来不断更新，而社会对数据处理的要求也更加严格。大数据处理是一个综合数据挖掘技术、高性能计算和机器学习等领域理论和技术的复杂多方位系统。数据挖掘技术是大数据分析中最常用的手段，在大数据时代得到了各个应用领域的认可。经过 20 多年的发展，数据挖掘技术已经形成了一套完整的理论基础。数据挖掘可以从海量数据中快速发现和挖掘潜在的和未知的知识，进而提取和获取价值，对于大数据处理尤为重要。

1.1.1　数据挖掘技术

大数据本身没有价值。研究大数据的意义在于发现和理解隐藏的信息内容及信息与信息之间的关系。大数据中有价值的信息是隐藏的，它需要强大的分析工具的支持。对于处理大数据，传统的统计分析技术和数据库已经力不从心，所以人们结合机器学习、知识工程、统计、数据库技术和数据可视化技术提出了一种强大的挖掘工具——数据挖掘技术，如图 1.1 所示。

图 1.1　数据挖掘：在数据中搜索知识（有趣的模式）

数据挖掘（Data Mining，DM）是从大量的模糊、嘈杂、不完整、随机数据中提取隐藏的、未知的、非琐碎的、潜在有用的信息或模式的过程。数据挖掘技术[1]应用范围很广，是迅速发展的交叉学科，基于数据库理论、机器学习等。数据挖掘技术涉及的算法很多，包括聚类、分类、关联规则和离群挖掘等诸多算法。随着大数据时代的到来，数据挖掘不再是针对少量或是样本化、随机化的精准数据，而是海量、混杂的大数据。大数据挖掘的意义是从海量数据中找到有意义的模式或知识。

数据挖掘的执行过程包含很多不同的步骤，其中输入的是原始数据，输出的是用户需要的有价值的信息。从原始数据中挖掘有用的信息是一个循环的、系统的过程。步骤通常为：①分析获得的数据以确定合适的挖掘目标；②选择恰当的挖掘方法提取有价值的数据；③评估生成的知识模式；④将有价值的知识保存起来，便于应用。数据挖掘的执行过程如图 1.2 所示。

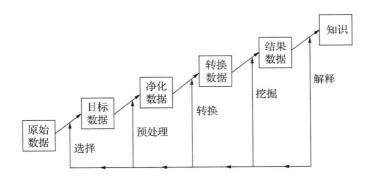

图1.2 数据挖掘的执行过程

数据挖掘的任务一般可以归纳为以下几个类别：分类、回归、聚类、关联规则和离群点检测等[2]，数据挖掘基本算法如图1.3所示。

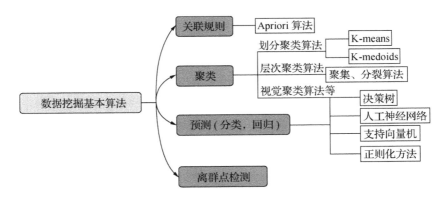

图1.3 数据挖掘基本算法

（1）分类

分类是数据分析的一种重要形式，它是提取并描述重要数据类的一种称为分类器的模型。例如，我们可以创建银行贷款的分类模型，分为安全或危险。这样的数据分析能帮助人们更全面、更好地理解数据。在机器学习、模式识别和统计等领域，研究者们已经提出了许多分类和预测模型。传统的大多数分类算法，通常只需要少量的数据。在这些基础上，近些年的数据挖掘算法开发了可扩展的分类技术，可以处理海量数据。

分类的目的是学习将数据库中的数据项映射到给定类别的分类函数或分

3

类模型（通常称为分类器）。构造分类器的方法很多，例如基于统计的方法、基于机器学习的方法及人工神经网络方法等。通常需要输入一个训练样本来构造分类器，训练样本中的每条数据记录是由属性组成的特征向量，以及训练样本的类别标记。传统的分类算法有决策树分类、朴素贝叶斯分类、随机森林、逻辑回归和神经网络。分类算法通常手动标识分类信息建立各种类别的分类规则。通过使用历史数据的分类信息，根据新数据的特征确定新的数据分类类型。分类具有广泛的应用，包括性能预测、欺诈检测、制造和医疗诊断等。

（2）回归

回归分析是统计学中一种很重要的方法。回归分析是用数理统计方法确定 2 个或 2 个以上变量之间的回归关系的统计分析方法。回归分析常用于银行、电信等服务行业的数据库营销和风险分析，也常用于机械、电子等制造业的产品分析设计和过程监控场景。

回归分析常被用来区分显著性因素和非显著性因素。回归方程虽然可以用来进行预测和控制，但缺点是不能保证模型的有效性和精度。

回归分析预测法有多种类型。依据相关关系中自变量的个数不同分类，可分为一元回归分析预测和多元回归分析预测。在一元回归分析预测法中，自变量只有一个，而在多元回归分析预测法中，自变量有 2 个及 2 个以上。依据自变量和因变量之间的相关关系不同，可分为线性回归预测和非线性回归预测。

回归分析预测法的步骤为：①根据目标，确定自变量和因变量，建立回归模型；②进行相关分析，检验回归模型，计算预测误差；③再利用回归模型计算预测值，并对预测值进行综合分析。

（3）聚类

聚类是对无类别的样本进行聚集，然后形成不同的组，其中的一组数据对象称为一个簇。聚类的目的是属于同一簇的数据对象之间应该彼此相似，而属于不同簇的数据对象之间应该尽量不同。聚类不同于分类的是在聚类之前，我们不知道要划分多少组，划分什么样的组。其目的是发现数据对象属性之间的关系。聚类技术发展迅速，广泛应用于统计学习、机器学习、生物学等领域。聚类分析是数据挖掘中的一个主要任务，代表算法如图 1.4 所示。

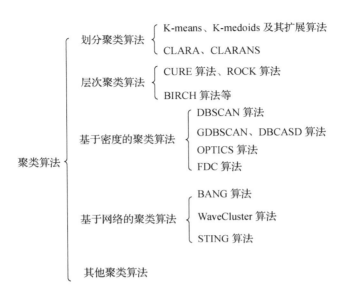

图 1.4　聚类算法

（4）关联规则

关联规则是用于挖掘数据对象之间的相关性。关联规则挖掘是数据挖掘中的主要内容之一，广泛应用于各种数据分析中。最初关联规则应用于购物篮分析，是关联分析最典型的应用。购物车分析用于发现顾客在超市购物中的一些行为习惯，以便给出合理的超市货物分布布局，提高其服务质量和经营效益，例如，在超市购买牛奶时，同时购买面包的占 71%，购买鸡蛋的占 43%，购买卫生纸的占 29%，如图 1.5 所示。这种关联的发现可以帮助超市了解哪些商品频繁地被顾客同时购买，这样就可以帮助超市制定更好的营销策略。

关联规则挖掘一般分为频繁模式挖掘和产生相关的关联规则 2 个步骤。频繁模式挖掘作为关联分析的主要步骤，主要用于发现频繁出现，区别于其他特征的模式集，可揭示数据集中的固有规律。如果一些数据项同时出现而且频率非常高，说明这些数据项之间就存在着关联性。目前对关联规则挖掘算法研究主要集中在频繁项集的挖掘。

频繁项集的生成目前主要有 Apriori 算法和 fp-growth 算法。Apriori 算法目前已成功应用于高校管理和信息安全等多个领域。fp-growth 算法是针对

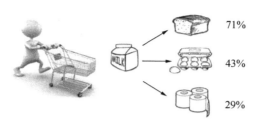

图 1.5 购物车分析

Apriori 算法在长频繁模式下挖掘性能较差的特点而提出的，该算法采用了构建 fp 树和投影 fp 树的迭代过程。

（5）离群数据挖掘

从理论的角度来看，离群数据挖掘就是要从数据集中挖掘出异常数据，即离群点检测。这些异常数据是由不同的机制产生的，导致了这样的数据对象完全不同于大多数数据对象。可以根据观察到的数据对象的不同特征来引入各种离群值的定义。在实际应用中，人们经常对这些异常对象及其产生原因更感兴趣。离群数据挖掘是数据挖掘中的一个经典问题，应用也非常广泛，如犯罪活动、入侵检测、工业控制系统异常检测等领域。离群数据挖掘和聚类分析虽然高度相关，但离群数据挖掘和聚类分析的服务目的不同。聚类是用来发现数据集中的多数模式并以此来组织数据，而离群数据挖掘则试图捕获那些显著偏离多数模式的异常情况。

1.1.2 数据挖掘的发展趋势和研究前沿

在《数据挖掘概念与技术（第 3 版）》一书中，针对数据挖掘的发展趋势和研究前沿进行了详细的阐述。主要涉及以下几个方面。

（1）挖掘数据类型的复杂性

图 1.6 概括了挖掘复杂数据类型的主要研究与进展。例如，挖掘时间序列、符号序列和生物学序列等。

（2）数据挖掘方法的多样性

由于数据挖掘范围很广，因此存在的数据挖掘方法也是多种多样的。图 1.7 描述了不同的数据挖掘方法。

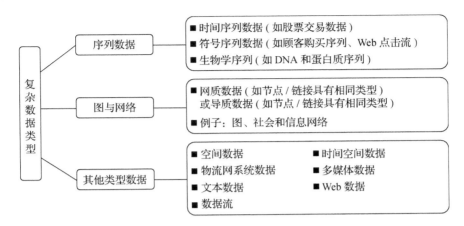

图 1.6 复杂数据类型

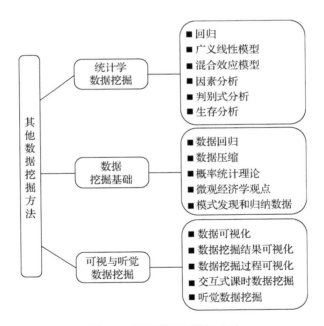

图 1.7 不同的数据挖掘方法

（3）数据挖掘应用的广泛性

图 1.8 描述了常见的数据挖掘应用场景。

（4）数据挖掘的社会性

虽然很多人并没有感觉到数据挖掘与我们的关系，但数据挖掘已经成为

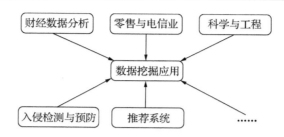

图 1.8　数据挖掘应用场景

我们生活的一部分，它无时无刻不在影响着人们的生活。图 1.9 描述了数据挖掘的社会性。

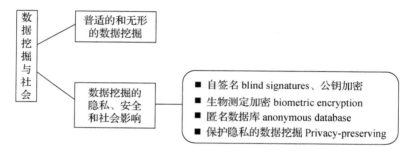

图 1.9　数据挖掘的社会性

（5）数据挖掘的发展趋势

数据挖掘已经成为我们生活的一部分，而面向特定应用领域的数据挖掘是当前发展趋势和研究热点。图 1.10 给出了数据挖掘的发展趋势。

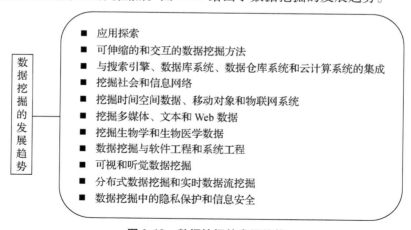

图 1.10　数据挖掘的发展趋势

1.1.3 大数据及其应用

移动网络、云计算、电子商务等技术的飞速发展,不仅改变了人类的生活状态,更催生了大数据时代的到来。无论是数据规模还是数据类型都在以前所未有的速度爆炸式增长,这些先进技术和海量数据促使人类社会进入了大数据(Big Data)时代。2010 年,Apache Hadoop 组织给出大数据的描述,认为"大数据是无法在可接受的时间范围内使用传统常规数据分析方法进行收集、分析和处理的大规模数据集",是需要新处理模式才能具有更强的决策力、洞察力和流程优化能力的海量、高增长率和多样化的信息资产。

可见,大数据是现代社会科技发展和信息流通的产物。目前,大数据的一般范围从几个 TB 到数个 PB,大数据的数据量根据行业标准、时间推移及技术发展而变化和增长。显然,数据量的大小并非是判断大数据的唯一标准。

(1)大数据的特征

大数据是指传统软件工具在一定时间内无法捕获、管理和处理的数据集。因此,需要新的处理方法才会有强的决策能力、洞察发现能力和流程优化能力,而且大数据是海量的、高增长的和多样化的。大数据的 5V 特征如图 1.11 所示。

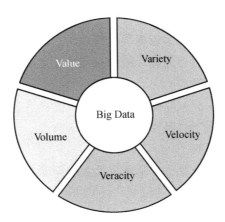

图 1.11 大数据的 5V 特征

大量化(Volume):大数据的特征首先体现为大量化。随着计算机更新换代,数据存储发展飞速,已从过去的 GB、TB,发展到现在的 PB、EB 级别。信息技术不断发展导致了数据迅速增加，呈现爆炸式增长。例如，Taobao 每天的客户量达到 4 亿，用户每天产生约 20 TB 的商品交易数据；Facebook 每天的客户量达到 10 亿，用户每天大约生成超过 300 TB 的日志数据，这些都成了大数据的来源。如此大规模的数据统计、分析、预测和处理，迫切需要智能算法、强大的数据处理平台和新的数据处理技术。

价值化（Value）：大数据的特征其次体现为价值化。现实生活中的数据有大量的不相关信息，而人们需要的是有价值的数据。大数据的价值化主要体现在对未来趋势和模式的可预测分析。通过对大量不同类型的不相关数据进行深入、复杂的分析，可以挖掘出有用的知识和规则，应用在社会的各个领域，如工业、金融和医疗等。

多样化（Variety）：大数据是异构的、多样化的，可以是任何形式的数据，如文本、图像、视频、机器数据等。可以是不同的数据类别，也可以来自不同的设备。广泛的数据源决定了大数据形式的多样性。推荐系统是目前使用最广泛的，我们在各种购物网站购物时，网站会自动推荐一些我们需要的物品，这就是推荐系统的作用。推荐系统是根据收集用户在网上搜索商品时的浏览数据，从中挖掘出有价值的信息来进行推送。

快速化（Velocity）：大数据的产生是非常快速的，无时无刻不在产生。每个人在生活中都离不开互联网，而大数据主要通过互联网传输。对于一个平台而言，这些数据是需要及时处理的，或许只有过去几天或者一个月之内的数据还保存着，再远的数据就要及时清理，否则存储代价巨大。对于大数据来说，速度更快就会更有优势，因为很多情况下需要实时分析数据，处理速度相对要求会非常严格。

真实性（Veracity）：大数据的内容与现实世界息息相关。研究大数据就是提取巨大的网络数据来解释和预测真实的事件。

（2）工业大数据的特点

制造企业有着大量的数据，制造业大数据除了具有大数据共有的 5V 特征，主要还有以下几个方面与制造产业相关的特征。

数据来源多样：制造业中的大数据包括很多方面，例如企业内部管理、企业产品供销和产品生产数据等。

数据质量低：制造业收集到的数据一般会有更多的噪音或缺失，导致数据质量较低。这是由制造业流程的复杂性造成的。再加上信息技术的不断发展，数据收集都采用传感器或无线网络，这些都会使数据质量降低。

数据蕴含的信息复杂：由于制造业数据来源的多样化及制造业生产过程的差异性和复杂性，使数据间互相影响又互相联系，使得制造业数据包含的信息丰富而复杂。随着工业大数据时代的到来，制造企业的大数据特性造成的现象是数据丰富但能有效利用的数据不多。需要有效的大数据分析技术对丰富的制造业大数据进行分析来获取有潜在价值的、有意义的数据。因此，大数据本身并不能推动智能制造的发展，需要的是大数据的分析技术。

（3）大数据挖掘技术

李杰教授在《工业大数据》这本书中曾表达过一个观点：大数据并不是目的，而是一个现象，或是看待问题的一种途径和解决问题的一种手段。通过分析数据，从而预测需求、预测制造、解决和避免不可见问题的风险和利用数据去整合产业链和价值链，这才是大数据的核心目的。大数据技术是智能制造的基础关键技术之一，是智能制造核心驱动力[3]。在具体制造业实践过程中，大数据挖掘技术可以科学分析工业大数据、发现有价值的信息、优化决策、促进制造企业优化生产过程，以降低生产成本和提高企业运营效率，更进一步促进智能制造发展的新模式和新业态，例如，大规模定制、精准营销等。工业大数据的发展，不仅使智能制造发展有了更多新的理念，形成了更多新的研究热点[4]，而且带来了新的方法和技术，应用领域也越来越广。因此，工业大数据是智能制造发展过程中的重要生产要素，更是驱动智能制造、促进智能制造产业转型升级的关键要素。在面向智能制造的基础上，大数据技术通过对大规模工业数据的处理，分析智能企业的工业发展数据及市场潜力数据，使企业不断提高生产力和市场竞争力。

信息技术的普及使制造业中积累了大量与生产、管理和运营相关的数据，这些数据中隐藏着诸多有价值的知识，可以指导企业优化管理流程、改进生产工艺、调整加工参数、诊断设备故障等，从而可以帮助制造企业提高效率、降低成本，达到利润最大化，并为实现智能制造打下坚实的基础。然而，当前制造业中存在着数据量大和数据利用率低的矛盾，许多场景中的数据规模甚至已经超出传统数据分析方法所能承受的极限。因此，越来越多的研究者致力于研究大数据技术在制造业中的应用，旨在通过大数据挖掘技术发现蕴含在数据中的宝贵知识和财富。

1.1.4　集群系统与并行计算

大数据技术系统非常复杂，包含的内容也很丰富，包括数据采集与预处理、分布式存储、机器学习、并行计算、可视化等技术类别和不同的技术水平。本书研究的是并行离群数据挖掘，要以集群系统的并行计算为基础。因此，本小节的重点是介绍集群系统与并行计算及其相关内容。

集群系统是由一组独立的计算节点通过高速网络连接而成的一个群组，以单一的系统模式进行管理。当用户在使用集群系统时，就好像他们使用的是一台计算机。与传统的高性能计算机技术相比，集群系统的特点如下：①处理性能高：当面对一个强大的计算能力的计算任务时，大型服务器甚至也是非常困难的，一个集群可以连接几十甚至几百台机器，计算能力集中起来满足大数据的运算处理需求。②低成本：集群可以采取任何配置的电脑作为一个计算节点。因此，与专用超级计算机相比，集群系统具有较低的成本和较高的性价比。③可扩展性高：当用户需要扩展计算性能时，他们只需要向集群添加新节点。由于采用了集群技术，整个过程对用户是透明的，用户体验的整个服务几乎不会受到影响。④可靠性高：当系统出现故障时，计算任务可以自动迁移到其他节点，整个集群仍然可以继续工作。因此，集群系统在保证高可靠性的同时，也减少了出现故障的概率。

如何使用户使用可伸缩的、透明的、大规模廉价的集群系统，即如何使用户和程序员不必关心底层实现和操作细节就可以从复杂的实现细节中提取出简单的业务处理逻辑，设计合理的并行计算模型是解决这一问题的关键。

随着大数据应用的爆炸式增长，传统的计算平台在数据处理上遇到了障碍，并行计算平台的出现可以解决大数据带来的数据处理问题。集群系统由于具有性价比高、开发周期短、可扩展性好和易于开发等优势，已成为大数据挖掘的主流开发工具。随着数据量的快速增长，并行编程将取代传统的串行编程模式，合理的并行计算模型可以帮助用户更方便地使用集群系统。

1.1.5 Spark 并行计算模型

Apache Hadoop[5] 是 MapReduce[6-7] 的开源实现，Hadoop 是一种基于批处理技术的开源并行计算平台，用于可靠、可伸缩、分布式并行计算。它是用 Java 语言编写的，包含 2 个核心组件 HDFS 和 MapReduce。Hadoop 作为一种新的并行计算平台，很短的时间内在并行计算领域得到了广泛的应用。尽管 Hadoop 是 MapReduce 最受欢迎的开源实现，但它在很多情况下并不适用，比如在线和迭代计算、高进程间通信模式或内存计算等。

Spark[8-9] 是适合大数据处理的并行计算平台，它具有内存计算和有效的容错功能，避免了磁盘 I/O 访问的中间结果。实践证明，Spark 是支持全面数据挖掘算法的很有前景的并行计算平台。弹性分布式数据集（RDD）是 Spark 的核心，它是一种特殊的数据模型，这个数据集是分区的、只读的和不可变的。RDD 的操作可以分为动作（Actions）和转换（Transformations）两大类。动作是对 RDD 的计算，然后将结果返回给驱动程序。而转换是延迟执行，由惰性策略管理。如果提交了转换操作，则不会立即执行任何任务，只有动作才能触发转换操作的执行。惰性策略优化了 Spark 的性能。

在分布式环境中，Spark 集群使用主/从结构。在 Spark 集群中，有一个节点负责分布式工作节点的中央协调和调度。这个中心协调节点称为驱动节点，相应的工作节点称为执行器（Executor）节点。驱动节点可以与大量的执行器节点通信，这些节点也作为独立的 Java 进程运行。驱动节点与所有执行器节点一起被称为 Spark 应用程序。Spark 应用程序通过一个名为集群管理器（Cluster Manager）的外部服务在集群中的机器上启动。Spark 附带的集群管理器称为独立集群管理器。Spark 还可以运行在 2 个大型开源集群管理器 YARN 和 Mesos 上。Spark 集群基本工作流程如图 1.12 所示。

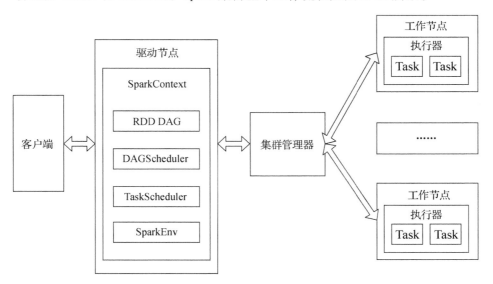

图 1.12　Spark 集群基本工作流程

用户通过客户端提交作业给集群，驱动器节点将开始初始化操作执行环境（包括任务调度、作业阶段调度等），作业被分为多个任务，然后主节点向集群管理器（Cluster Manager）申请资源，集群管理器根据报告的资源使用情况分配资源，执行器负责执行具体的任务，最后释放集群资源直到任务执行完成。

Spark 可以运行在 Hadoop 的数据源上，并且很好地融入 Hadoop 生态系统。与 MapReduce 编程模型相比，Spark 具有以下 3 个优点：①Spark 框架将计算结果缓存在主存中，提高了迭代操作之间共享数据的能力，减少了磁盘操作的数量。②Spark 框架中的所有数据操作都由弹性分布式数据集 RDD 提供支持。③Spark 使用事件驱动库启动任务，提高通信效率，同时保持较低的任务调度开销。

Spark 生态圈是由 Berkeley AMP 实验室搭建的一个大数据应用平台，包含了很多组件，例如 Spark Core、Spark SQL、Spark Streaming、MLlib 和 GraphX 等。Spark 生态系统涵盖了许多应用领域，如机器学习、数据挖掘和信息检索等。利用各种方便灵活的技术解决方案对大规模的不透明数据进行筛选，转化为有用信息，让人们可以更好地了解世界。

如图 1.13 所示，Spark 是一个集成了多个组件的一站式解决方案平台。其中 Spark Core 为 Spark 生态圈的核心，提供了一个内存计算框架。Spark Streaming 用于实时应用程序、Spark SQL 用于查询、MLlib 或 MLBase 用于机器学习，GraphX 用于图处理。从 HDFS、HBase 等读取数据，并使用 ME-SOS、YARN 和它自己的 Standalone 为资源管理器调度作业，从而完成 Spark 应用程序的计算。

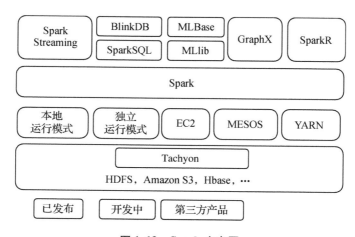

图 1.13　Spark 生态圈

1.1.6　大数据挖掘技术的应用

制造业一直以来都是国家经济的支柱产业，同时也体现了一个国家的整体竞争力。中国的制造业在改革开放以来的几十年取得了举世瞩目的成就。21 世纪的工业制造产业结构正发生巨大的变化，很多高新技术更多地融入工业制造系统中，如大数据技术，人工智能技术，智能优化技术等。高新技术带动了工业制造产业逐渐向智能化方向发展。目前，美国、日本及欧洲的许多国家纷纷通过信息技术提升本国工业制造产业的核心竞争力，智能化的生产方式已成为现代工业制造的主要特征。

近些年来，随着大数据技术和人工智能技术的不断发展，世界各国大力发展智能制造，智能制造已成为世界各国先进制造业的未来发展方向[10-11]。例如，美国的"工业互联网"、德国的"工业 4.0 计划"等。这些发达国家相继提出智能制造战略措施，发展智能制造已经成为制造业竞争优势的新引擎。国务院也已经在 2015 年印发了《中国制造 2025》，开始实施"智能制造"战略。

智能制造系统（Intelligent Manufacturing System，IMS）是人机结合的一体化系统，主要指使用计算机模拟人类专家进行分析、推理和决策等的智能活动[12]。智能制造突出知识的价值，而继工业经济之后，知识经济是制造业的主要经济形态，因此智能制造已经成为影响未来经济发展进程的重要制造业生产模式。

在智能传感器、物联网技术、并行分布式存储计算等高新技术的推动下，大数据挖掘技术也被越来越广泛地应用到制造业的各个领域，尤其在质量优化和故障诊断中应用非常广泛。

质量优化：ROKACH 等[13]提出一种特征集分解方法，并将其应用到提高制造质量方面，取得了比较理想的效果。张玉东[14]在炼钢信息系统中引入聚类分析算法，通过数据分析来提高企业利用信息进行企业决策的能力。王小巧等[15]提出了一种基于混合粒子群算法的复杂机械产品装配质量控制阈优化方法，该方法在机械产品装配精度方面取得了较好的效果。娄小芳[16]进行了基于模式识别和数据挖掘的铝工业生产节能降耗的相关研究，采用聚类及关联规则等数据挖掘方法，从大规模的工业数据中发现隐藏的一些规则，从而可以引导企业修改生产参数，降低生产能耗。QIN 等[17]提出了一种利用互信息和网络反卷积进行柴油机生产因果变量分析的有效方法，该方法利用测试数据分析了潜在参数的关联信息，分辨对功率有影响的一些重要参数，提高功率一致性。

故障诊断：武霞[18]研究了 Hadoop 平台下基于聚类和关联规则算法的工程车辆故障预测，将聚类和关联规则结合起来，实现了基于大数据的挖掘机故障关联概率预测，从而有效地进行预防，为制造商提供数据支持。罗洪波[19]对汽车售后服务故障件管理及数据挖掘技术应用进行了研究，采用一些经典的数据挖掘算法对汽车售后服务可能发生的故障进行了详细分析。范卿[20]的工程机械进程监控系统研究根据工程起重机实时获取的运行参数，实现起重机过程的实时故障诊断。王诗[21]基于数据挖掘技术对矿用提升机故障预警系统进行研究，并利用得到的数据训练 C4.5 决策树模型来表示隐患。

1.2 离群数据挖掘及研究动态

1.2.1 离群数据挖掘

离群数据挖掘是数据挖掘中很重要的一个研究任务，应用非常广泛。例如，故障检测[22]、欺诈检测[23]、入侵检测[24]和健康系统监视[25]。除了传统的很多离群数据挖掘算法，随着科学技术的发展、数据收集的便利性和数据形式变化的复杂性，涌现出了很多离群数据挖掘的新方法，如高维数据离群挖掘、基于子空间的离群数据挖掘、不确定数据离群挖掘及流数据离群挖掘等。

（1）传统离群数据挖掘算法

传统离群数据挖掘算法包括基于分布的[26]、基于距离的[27]、基于密度的[28]及基于聚类的[29-31]等，传统离群数据挖掘算法分类如图 1.14 所示。

基于距离的离群数据挖掘算法是现实研究中使用最多的算法，其唯一要求是识别数据对象的邻近度。通过计算数据对象之间的距离，可以将邻居数量不足的数据对象视为离群数据。基于分布的离群数据挖掘是依赖于假设有一个分布或概率模型来拟合输入数据集的统计方法。而基于密度的方法策略旨在估计每个数据点周围的密度，从而能够挖掘出发生在极低密度区域的异常值。在这一类中最有代表性的算法是局部离群因子法，简称 LoF[28]。最后一类基于聚类的离群数据挖掘算法利用 DBSCAN[29]、BIRCH[30] 和

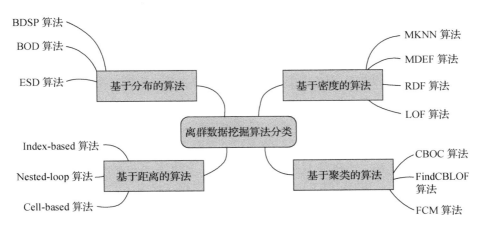

图 1.14　传统离群数据挖掘算法分类

ROCF[31]等新机制来检测离群值。

（2）高维数据离群挖掘

随着数据的维度越来越高，高维数据离群挖掘对传统的离群数据挖掘算法[32]提出了特殊的挑战。AGGARWAL 和 YU[33]是致力于高维离群数据挖掘的先驱。他们提出通过进化搜索来搜索稀疏子空间，以确定所有局部稀疏的低维投影，稀疏子空间中的数据对象被视为离群值。特征转换技术[34]也通常用于处理高维数据集，以试图减少数据集的维数，新特征的组合是从原始特征中提取出来的。然而在特定应用的上下文中，特征转换背后缺乏坚实的理论基础，特征选择方法[35]也是有效降低数据维度的方法之一，特征选择技术试图揭示与数据挖掘相关的数据集的特征。

（3）基于子空间的离群数据挖掘

子空间离群数据挖掘方法不是在全维空间中发现异常值，而是在子空间中寻找离群点。文献［36］提出了一个动态子空间搜索系统，称为 HOS-Miner。该算法使用固定的阈值来识别异常值，对于给定的数据点，能有效确定其离群子空间，HOS-Miner 存在的问题是在不同维度的子空间中离群点得分无法比较。文献［37］提出 OutRank（Outlier Ranking）方法，通过引入新的离群点得分函数评估子空间聚类分析确定的其余部分数据对象的偏差，OutRank 存在的问题是离群值作为基于密度的聚类所产生的副产物可能导致一大组的离群值。KRIEGEL[38]则是一个在高维特征空间变化的子空间中检测离群点的原始离群检测模式。尤其是对于数据集中的每个数据对象，搜索跨越其最近邻的轴平行子空间以确定这个子空间中数据对象偏离其最近邻的程度。MÜLLER[39]在几个子空间中同时评估每个数据对象的偏差，他们根据所有相关的子空间中的离群得分对离群点进行排名。对于每个数据对象需要可比较的近邻来确定密度以适应不同维度的子空间，单个子空间中的离群得分是比较数据对象密度和它近邻的平均密度，一个数据对象总离群得分是它在所有相关子空间的得分。文献［40］提出一个高维数据子空间离群点检测的新方法，不同于现存的方法，它既不是基于网格的也不是维不平衡的，因此性能不受维度影响。KELLER 等[41]提出一种新的子空间搜索方法，选择高对比度的子空间基于密度的离群值进行排名。它搜索高对比度的子空间，聚集 LOF 得分超过所有的"高对比度"子空间的单个对象，通过计算在高对比度投影离群点得分提高传统离群排名的质量。但这种方法可能只适合基于密度的离群挖掘。

（4）不确定数据离群挖掘

发现不确定数据中的离群对象是很困难的，因此，很多研究者开始开发新的数据处理和挖掘技术来探寻不确定数据中的离群点，不确定数据中的离群检测同样也会遭遇到随着维度增大而难以标识离群点的难题。针对不确定数据离群检测，AGGARWAL 等[42]首次提出了基于子空间的不确定性数据挖掘技术，该算法假设在低密度异常子空间出现离群值，并在指定对象的子空间计算每个点的密度，然后判断是否为离群点。文献［43］从一个全面的模型考虑不确定对象和他们的实例，一个不确定的对象包含一些固有的属性和一组由概率密度分布建模的实例。通过假设具有相似属性的不确定对象往往有相似的实例来学习对每个不确定对象使用具有相似属性的对象实例。因此，通过和正常实例进行比较可以检测到异常实例，进一步可以检测到离群对象。技术上使用贝叶斯推理算法来解决这个问题，并开发了一个近似算法和一个过滤算法来加快计算速度。文献［44］实现了一个使用基于密度抽样方法的不确定对象的离群检测方法，虽然密度抽样法是一个很好理解和相对简单的离群检测技术，但其应用在不确定数据上会产生很高的计算工作量。该算法使用一个廉价的 GPU（图形处理器）大大降低了运行时间。文献［45］提出基于距离的 top-k 不确定数据对象离群检测方法，基于距离的离群检测最基本的方法是利用嵌套循环，这种方法的代价是非常大的，因为2 个不确定的对象之间的距离函数花费很大。而该方法中，一个不确定对象通过高斯分布的概率密度函数建模，数据的离群点检测算法只需要考虑一小部分数据，因此数据对象能快速确定候选对象的 top-k 离群点。随着更复杂的不确定数据模型的出现，未来需要对不确定数据做进一步研究以便找到快速、高效的离群检测算法。

（5）流数据离群挖掘

最近，流数据挖掘的研究得到越来越多的关注。为了解决流数据的异常检测问题，杨宜东等[46]提出一个新的快速的离群检测算法，该方法基于动态网格分区数据空间，过滤处于密集区域的大量主体数据，大大降低了算法应考虑对象的大小。周晓云等[47]提出基于频繁模式的流数据离群检测，不仅能用于单类型的高维分类数据集，而且可以用于混合属性数据集。ELAHI 等[48]提出一种基于聚类的方法，把流分成块并使用 k 均值算法使用固定数量的簇聚类每个块。通过使用前一个数据流块的平均值与当前数据流块的平均值以决定数据流对象中更好的离群值。CAO 等[49]提出了一种新的基于反向最近邻居的数据流异常检测算法 SODRNN，在该算法中插入或删除的更新只需要扫描一次当前窗口，从而提高了离群检测效率。流数据异常检测的主要目的是在合理时间内准确找到流数据异常值。

1.2.2　分类数据离群挖掘

前面提到的大部分离群检测算法是针对数值型数据设计的，但是在一些实际应用程序中，实际数据集中的属性并不是数值型，而是分类型。对于分类型数据集，基于距离和基于密度的技术必须面对如何选择测量距离或密度的问题。这就给数值型离群检测算法带来了挑战，因为分类型数据值不可能在不丢失任何信息的情况下映射为数值型数据。为了解决这个问题，已经提出了一些方法来处理分类型数据，其中一些方法提出了对数据集中频繁或不频繁项的分析，使用频繁项集挖掘的概念来估计每个点的离群分数。正常值是那些包含数据集中经常同时出现的项集的点，而离群值可能是包含罕见项集的点。这类算法受到关联规则挖掘领域中频繁项的概念的启发。例如，HE 等[50]提出了 FP-Outlier 算法，一种通过发现频繁项集来检测离群值的新方法。在 FP-Outlier 算法中，包含频繁模式的数据对象不太可能是一个离群数据对象。OTEY 等[51]设计了一种由频繁项集驱动的算法，该算法为每个数据对象分配一个离群分数，与数据对象的非频繁项集成反比。

在分类数据的离群挖掘领域，还有一些方法研究了基于熵的离群检测。例如，HE 等[52]提出了利用信息熵促进贪婪优化算法，用局部搜索启发式算法来检测异常值。SHU 和 WANG[53] 构建了一个优化模型，该模型依赖于将信息熵和总相关性无缝集成的 hole-entropy 的新概念。除了基于规则和基于熵的方法外，其他处理分类数据的离群检测算法还有 CBRW[54]、MOD[55]、COD[56] 和 HOT[57] 等。

1.2.3　混合属性数据离群挖掘

在许多情况下，分类型数据和数值型数据作为不同的属性存在于同一个数据集中，这被称为混合属性数据集[58]。在混合属性数据集中，离群点的属性值不管在数值空间还是分类空间中都明显与其他对象不一致。在实际应用中，当面对混合属性数据时，通常将数值属性离散化，将所有数据按分类数据处理，使分类数据离群检测算法适用于整个混合属性数据集。然而，正如文献［59］所指出的，将数值离散化可能会带来噪声或信息损失。不适当的离散化会影响检测性能。

OTEY 等[60] 提出了基于频繁项集的概念来处理分类属性的方法。具体地说，算法为每个点分配一个离群值，该离群值与它的不频繁项集成反比，而且还为每个项目集维护一个协方差矩阵，以计算连续属性空间中的离群得分。如果一个点包含很少出现的分类集，或者它的连续值与协方差冲突阈值不同，那么这个点很可能是一个离群点。KOUFAKOU 和 GEORGIOPOULOS 提出了名为 ODMAD[61] 的混合属性数据集的离群检测方法。该算法首先对范畴空间中的每个点计算一个离群分数，该离群分数依赖于该点中包含的不经常出现的子集。得分值小于用户输入频率阈值的数据点是孤立的，因为它们包含非常罕见的分类值，因此可能对应于异常值。BOUGUESSA[62] 提出了一种基于双变量混合模型的方法来识别混合属性数据中的异常值。该方法能够自动区分离群值和正常值，既适用于混合型属性，也适用于单类型（数值型或分类型）属性数据，不需要进行任何特征变换。

1.2.4　离群数据并行挖掘及性能优化

随着大数据时代的到来，在大规模数据中发现异常值时，并行离群数据挖掘算法是必不可少的。例如，ANGIULLI 等[63] 使用局部距离开发了一种基于 MPI 的并行离群值挖掘算法，由于该算法从数据集中的所有特征维度中挖掘出离群值，从而这种离群挖掘解决方案不适用于高维数据集。HE 等[64] 结合 KD 树开发了一种并行离群点检测算法。KOUFAKOU 等[65] 提出了一种基于 MapReduce 的方法，该方法可以为分类数据集提供快速并行离群检测。HONG 等[66]提出了一种基于 MapReduce 的离群点检测的大数据分析方法等。

近些年，Spark 作为一种有吸引力的并行计算模型出现了。Spark 最大的优点是它可以将中间结果保存到内存中，而不会导致 I/O 访问 HDFS 的速度变慢，这意味着 Spark 定位于优化迭代算法的性能。很多研究充分利用了 Spark 平台，实现了离群点检测的迭代数据处理。例如，CHEN 等[67]研究了一种高效的基于 Spark 的轨迹异常值检测方法。ERDEM 和 OZCAN[68]描述了如何在 Spark 计算平台上通过 K-Means 聚类进行快速数据聚类和离群点检测。

Spark 集群环境中，数据倾斜问题是影响负载均衡和集群性能的一个重要因素。近年来，针对 Spark 中的数据倾斜提出了很多算法和模型。例如，SCID 算法[69]设计了一种 Pond-sampling 算法来收集数据分布信息，并对总体数据分布进行估计。在数据划分过程中，SCID 实现了 Bin-packing 算法对 Map 任务的输出进行桶状处理。此外，在分区过程中，还会进一步切割大型分区。SP-Partitioner 算法[70]将到达的批次数据作为候选样本，在系统抽样的基础上选择样本，预测中间数据的特征。该方法根据预测结果生成参考表，指导下一批数据的均匀分布。文献［71］优化了笛卡儿算子，由于计算笛卡儿积需要连接操作，因此可能会出现数据倾斜。文献［72］提出了 SASM（Spark Adaptive Skew Mitigation）算法，通过将大分区迁移到其他节点，同时平衡各任务之间的大小，来缓解数据倾斜问题。

1.2.5　离群数据挖掘的应用

大数据时代的到来，离群数据挖掘也被广泛地应用到制造企业的各个领域。机械产品质量是制造企业的生命，也是企业提高核心竞争力的关键。将先进的智能技术应用于机械产品生产，使产品质量最终稳定受控，是当前机械制造业发展的一个趋势。离群数据挖掘技术可以有效发现机械产品制造过程中的异常数据，从而进一步根据正确数据进行更深层次的分析，为后续生产奠定基础。离群数据挖掘在产品质量预测和发现产品质量缺陷方面的应用已越来越多。

由于机械产品加工过程的复杂性，很难对产品进行质量预测或发现质量缺陷。尤其随着工业大数据时代的到来，传统算法准确率较低，离群检测能够从大量数据中发现异常数据，从而发现一些影响产品质量的因素，可以对产品质量缺陷进行有效预测。HUR 等[73]结合决策树提出了一种基于离群数据检测的混合数据挖掘智能制造过程诊断系统，系统可以预测产品质量缺陷。徐兰等[74]利用粒子群优化方法对 BP 神经网络的权系数和阈值进行优化，建立了基于粒子群优化神经网络的质量预测模型，并以注塑件质量预测为例对产品质量进行预测和控制。宋健[75]根据热轧带钢各种表面质量缺陷的特点和复杂的形成机制，采用离群检测详细分析了热轧带钢产品缺陷。丁金明[76]提出了一种金属镀层工件表面缺陷自动检测系统，该系统结合 CCD 光电检测技术、计算机图像处理技术及自动控制技术，能够检测出有质量缺陷的工件，从而实现对产品质量的预测。关于冷轧产品质量缺陷的检测没有统一的标准，传统检测方法依旧存在很多漏洞。郭龙波[77]提出一种基于数据挖掘方法的冷轧表面质量缺陷分析，该方法采用决策树得到产品缺陷的相关规则，根据所得规则，企业可以快速准确检测所加工的冷轧产品的质量缺陷，使企业的产品检测效率有所提高。

现代的制造工业系统中，质量管理是制造企业的生命线。质量为先是《中国制造 2025》中的基本方针之一，在制造系统中，影响制造过程质量的因素很多。在文献［78］中，作者认为显性问题和隐性问题是当前制造系统中的 2 类问题。而一般不容易被发现的隐性问题却会影响产品的质量，成为不可忽略的问题。隐性问题是由设备性能下降、精度损失、易损件磨损等多种因素造成的。如果不及时发现这些具有异常特征的隐性问题，必然会转化为严重的显性问题，从而造成生产上的巨大损失。机械产品的质量受到隐性问题的影响，会给企业的质量管理和决策带来很大的困难。而离群检测技术可以有效发现引起产品质量缺陷的具有异常特征的隐性问题，从而可以提前做出调整和更新来避免和预防故障发生，进而提高产品质量，控制废品，因而制造系统可实现预测适应地处理潜在问题，也是机械产品制造过程质量控制并提高产品质量的有效手段。

1.3　本章小结

大数据的发展伴随着大数据时代的到来发生了巨大的变化，数据的特征也在不断发生改变，呈现出了数据结构多样化、数据质量低、蕴含信息丰富及数据类型多样化等特征，数据类型不仅有传统的数值型，还包括分类型数据及混合型数据，因而对传统的离群数据挖掘方法提出了新挑战。而且传统离群挖掘算法的时间复杂性较高，对软硬件资源要求较高，也无法适应大数据分析的需求。Spark 集群系统是目前大数据分析和处理的有效平台之一，并在系统层面上解决了数据自动管理、扩展性、容错性等问题，从而可以有效简化集群系统中计算节点的并行编程。本著作在基于内存计算的 Spark 集群系统环境下，研究了并行离群数据挖掘理论、方法，并对 Spark 集群系统进行了必要的性能优化。

第2章 基于加权特征分组的高维分类数据离群挖掘

本章针对高维分类数据集，利用特征分组的思想，提出了一种基于加权特征分组的离群数据挖掘方法——WATCH。WATCH 由 2 个不同的模块组成：①通过特征间的相关性测量进行特征分组；②通过对每个特征组中的数据对象计算离群得分来检测离群值。WATCH 的核心是特征分组模块，它将一系列特征分为多个组，以发现特征组中特征模式的不同方面。最后，使用人工合成数据集和真实数据集来实现和评估 WATCH 算法，实验验证了WATCH 算法在精度、效率和可解释性等方面的高效性。

2.1 引言

离群挖掘是数据挖掘中的一个重要领域，应用非常广泛，如欺诈检测[79]、入侵检测[80]和健康系统监视[81]。传统的离群挖掘方法忽略了特征之间的相关性，未能发现特征组中隐藏的离群值。本章主要关注在高维分类数据集的特征组中检测异常值。WATCH 算法展示了将特征划分为不同的组不仅可以显著减少搜索维度，而且还可以揭示特征之间的相关关系。基于加权特征分组的高维分类数据离群检测研究主要是出于以下几方面原因。

①高维分类数据：在很多情况下，通过对检测到的异常数据的分析可以发现，离群值代表重要或特殊的一些行为模式。基于这些信息，人们可以获得有价值的信息，人们还可以对未来的趋势做出决定和预测。现有的大多数离群检测方法都是针对数值型数据而设计的。然而，在越来越多的应用程序中，数据是由分类特征描述的，这些特征的取值是一组无序的值。值得注意的是，分类数据值不能在不丢失任何信息的情况下映射为有序数值。例如，婚姻状态属性值（已婚或单身）或个人职业（工程师或教师）等分类数据到数值的映射不是简单的直接转换能得到的[82]。另外，在现代生活应用中，高维数据是主要趋势，大多数真实世界的分类数据集都具有高维度。对于高

维分类数据集，传统离群挖掘方法效率较低。

②特征组：特征组之间的差异可以捕获到不同类型的信息。因此，相似的特征应该集中在一组[83]中。例如，有核血细胞数据的特征被划分为密度、几何形状、颜色和质地等不同的特征组，每组代表了有核血细胞的一组特定测量值。再比如，在银行客户数据集中，特征可以分为表示人口统计信息的人口统计组、显示账户信息的账户组和描述消费行为的支出组等。

③特征加权：特征加权有助于提高离群点检测精度。如何确定一个特征的权值以提高离群点检测精度是很有必要的。高维数据中的数据对象由所有特征表示，在检测异常值的过程中，特征组中的多个特征可能表现出不同的重要性。特征权重计算的目标是评估特征组中的特征重要性。现有的离群点检测算法很少关注特征之间的相关性[84]。这些解决方案忽略了特征组中特征权重的关键重要性。为了解决这一问题，通过量化特征组中所有特征之间的相关性来度量组中的特征权重。最后实验验证了应用特征权值可以显著提高离群点检测精度。

④可解释性：除了异常值检测结果之外，可解释性还对发现的异常值[85]提供了深刻的解释。在对个别异常值进行分析时，特征组信息具有很高的可解释性。数据对象在一个特征组中是异常值，并不一定意味着该数据对象在另一个特征组中也是异常值。离群值的意义在很大程度上取决于所选的特征组。关于离群值的特征组信息在离群值检测中是不可缺少的，这一点毋庸置疑。大多数现有的离群点检测算法都忽略了特征组的信息。因此，积极地从高维特征中提取重要的特征组来提供有意义的离群分析和解释是非常有意义的。

传统的离群点挖掘方法无法检测隐藏在特征组子空间中的离群点。现有的分类数据离群点检测方法考虑了全维空间，忽略了特征之间的关系。这些方法没有考虑任何局部关联性，因此很难检测隐藏在多维空间中的异常值。WATCH 首先通过测量特征之间的相关性来创建特征组，并对其进行了细化，将具有相似性的特征放到一个组中。其次，研究了特征分组算法中初始特征的选取方法，然后提出了一种代表特征重要性的特征权值分配算法。最后，通过使用合成数据集和来自 UCI 机器学习库[86]的真实分类数据集验证了 WATCH 算法，并且与 AVF[87]、GA[88]、ITB[53] 和 SADC[89] 4 种算法进行了比较。用于比较的 4 种算法都是分类数据离群点检测算法，其中 AVF 是基于频率的，GA 和 ITB 是基于熵的，SADC 是基于距离的离群检测算法。

2.2 相关工作

2.2.1 离群检测

很多文献都已经提出了各种各样的离群值检测方法。传统的离群点检测算法包括基于统计的方法、基于距离的方法、基于密度的方法及基于聚类的方法等。基于统计的方案依赖于假设有一个分布或概率模型来拟合输入数据集的统计方法。广泛采用的算法是基于距离的方案，其唯一要求是识别数据对象的邻近度。通过计算对象之间的距离，可以将邻居数量不足的对象视为离群值。基于密度的策略旨在估计每个数据点对象周围的密度，从而发现发生在极低密度区域的异常值。在这一类算法中有代表性的是局部离群因子法，简称 LoF[28]。最后一类是基于聚类的离群检测算法，这类利用 DB-SCAN[29]、BIRCH[30] 和 ROCF[31] 等新机制来检测离群值。

上述传统的离群点检测算法适用于各个领域。然而，使用这些算法来检测高维数据中的异常值却是一项艰巨的任务，尤其对于高维分类数据。这些传统算法存在的主要问题是在全维空间中检测异常值，其效率明显会降低。另外，传统的算法忽略了与异常值存在的特征子集相关的重要和关键信息，而 WATCH 算法通过引入特征组可能发现高维子集中隐藏的离群值。

2.2.2 高维数据离群检测

现实生活中的高维数据对数据挖掘算法提出了特殊的挑战。这些挑战常常被称为"维度诅咒"。不相关特征的存在掩盖了相关的信息，从而导致严重的效率和准确性问题。很多研究人员也提出了一些解决方案来处理高维数据的离群检测问题。

特征转换技术[34]通常用于处理高维数据集，它试图减少数据集的维数。新特征的组合是从原始特征中提取出来的。不幸的是，在特定应用的上下文中，特征转换背后缺乏理论基础。特征选择方法[35]也是降维的有效方法，特征选择技术试图揭示与数据挖掘相关的数据集的特征。另外针对高维数据，还提出了子空间异常值的检测方法[36-37]，这类算法是在子空间中而不是在全维空间中发现异常值。例如，AGGARWAL 和 YU[33]提出了一种算法通过进化搜索来搜索稀疏子空间，以确定所有局部稀疏的低维投影，这些稀疏子空间中的对象被视为离群值。

在大多数情况下，高维数据集是从多个测量和观测源集成的。在存在多个数据源的情况下，可以自然地对各种度量的特征进行分组。现有的针对高维数据的算法不能充分利用丰富的特征组信息来检测异常值。WATCH 算法可以对高维数据很好地进行特征分组，特征组不仅包含表示重要的信息，而且能够提高异常值检测的准确性。

2.2.3　分类数据离群检测

绝大多数的离群点检测算法都是针对数值数据设计的。相比之下，分类数据中异常值的检测几乎没有得到重视，而实际应用中分类数据中的异常值检测是非常重要的。分类数据离群值检测方法一般分为两大类：基于规则的和基于熵的技术。

基于规则的算法受到关联规则挖掘领域中频繁项的概念的启发，基于规则的离群值挖掘提供了对数据集中频繁或不频繁项的分析。例如，HE 等[50]提出了 FP-Outlier 算法，这是一种通过发现频繁项集来检测离群值的新方法。在 FP-Outlier 中，包含频繁模式的数据对象不太可能是一个离群值。OTEY 等[51]设计了一种由频繁项集驱动的算法，OTEY 的算法为每个数据对象分配一个异常分数，与对象的非频繁项集成反比。

在分类数据的离群挖掘领域，还出现了一些基于熵的算法研究。例如，HE 等[52]提出了基于熵的离群点检测方法，利用信息熵促进贪婪优化方案，算法利用局部搜索启发式算法来检测异常值。WU 和 WANG[53]构建了一个优化模型实现了分类数据的离群点检测，该模型提出了将信息熵和总相关性无缝集成的 hole-entropy 新概念。

除了基于规则和基于熵的方案外，其他处理分类数据的离群检测方法还包括 CBRW[54]、MOD[55]、COD[56]和 HOT[57]等。

2.3　离群检测前期准备

这一节首先描述了分类数据及问题陈述。其次研究了如何应用熵和互信息来捕捉特征之间的相关性。最后对特征相关性的计算过程进行了详细讨论，并设计了构造特征组的特征分组框架。

2.3.1　分类数据和问题陈述

数值数据的相似性是可以通过距离测量的，而分类数据指的是数据集每个属性的取值都是有限的、无序的和不可比较的[90]。例如，婚姻状况是分类数据，其值为已婚和未婚。因此对分类数据的相似性进行量化非常重要，WATCH 算法采用熵和互信息进行分类数据的相似性度量。

令 $X = \{x_1, x_2, \cdots, x_n\}$，$Y = \{y_1, y_2, \cdots, y_m\}$，$X$ 是 n 个对象的集合，Y 是 m 个分类特征的集合，其值域分别是 $D(y_1), \cdots, D(y_m)$。域 $D(y_j)$ 可以表示为 $D(y_j) = \{v_{j1}, \cdots, v_{jdj}\}$，其中 d_j 为特征 y_j 中的分类值个数。数据集 DS 是特征集 Y 上定义的 n 个对象集合，其中 $x_i = (x_{i1}, x_{i2}, \cdots, x_{im})$。对象 $x_i \in DS$ 可以表示成向量 $[x_{i1}, x_{i2}, \cdots, x_{ij}]$。$x_{ij} (1 \leqslant i \leqslant n, 1 \leqslant j \leqslant m)$ 是在域 $D(y_j)$ 上的一个分类特征值即 $x_{ij} \in D(y_j)$。

表 2.1 列出了本章中使用的符号及其描述。在给定高维分类数据集 DS 的情况下，特征分组问题是将每个特征 y_j 放入一个组中，从而数据集 DS 形成 c 个特征组。WATCH 的最终目标是确定一个离群值集 $OS = \{x_1, x_2, \cdots, x_k\}$。

表 2.1　符号描述

符号	描述	符号	描述
DS	数据集	x_{ij}	数据对象 x_i 的第 j 个属性
Y	属性集	$D(y_j)$	属性 y_j 的值域
X	数据对象集	C_r	第 r 个特征组
y_j	第 j 个属性	c	特征组的数量
x_i	第 i 个数据对象	k	需要检测的离群点的数量
n	数据对象数量	m	特征的数量
OS	离群点集合	CS	离群点的候选集

2.3.2　计算特征的相关性

本小节研究了如何量化特征之间的相关性，并且对特征关系和多重关系进行了定义，为特征分组算法的设计奠定了基础。

在信息论中，熵和互信息可以代表相互依赖的信息度量，这是反映特征组的特征之间相互关系的最显著的特征。

给定一个包含 n 个数据对象的数据集 DS，每个对象都由 m 个特征表示。使用 $H(y_i, y_j)$ 和 $MI(y_i : y_j)$ 分别表示集合 DS 上计算的特征 y_i 和 y_j 之间的熵和互信息。根据熵[91]的定义，熵 $H(y_i, y_j)$ 可以表示如下：

$$H(y_i, y_j) = -\sum_{k=1}^{d_i} \sum_{l=1}^{d_j} P_{ij}(y_i = v_{ik} \wedge y_j = v_{jl}) \log P_{ij}(y_i = v_{ik} \wedge y_j = v_{jl}),$$

$$(2.1)$$

其中，$P_{ij}(y_i = v_{ik} \wedge y_j = v_{jl})$ 为特征 y_i 和 y_j 分别等于 v_{ik} 和 v_{jl} 的概率。公式 (2.1) 中 d_i 和 d_j 为特征 y_i 和 y_j 的分类值个数；v_{ik} 和 v_{jl} 可以在集合 $D(y_i)$ 和 $D(y_j)$ 中找到，其中 $D(y_i) = \{v_{i1}, \cdots, v_{idi}\}$，$D(y_j) = \{v_{j1}, \cdots, v_{jdj}\}$。熵是 $H(y_i, y_j)$ 概率 P_{ij} 和 $\log P_{ij}$ 乘积的函数。

$MI(y_i : y_j)$ 记为特征 y_i 和 y_j[91]之间的互信息，表示如下：

$$MI(y_i : y_j) = \sum_{k=1}^{d_i} \sum_{l=1}^{d_j} P_{ij}(y_i = v_{ik} \wedge y_j = v_{jl}) \log \frac{P_{ij}(y_i = v_{ik} \wedge y_j = v_{jl})}{P_i(y_i = v_{ik}) P_j(y_j = v_{jl})},$$

$$(2.2)$$

其中，概率 P_{ij}、特征 y_i 和 y_j、值 v_{ik} 和 v_{jl}、域 d_i 和 d_j、集合 $D(y_i)$ 和 $D(y_j)$ 与公式 (2.1) 中的相同，P_i 和 P_j 分别为特征 y_i 和 y_j 等于 v_{ik} 和 v_{jl} 的概率。

分别利用熵 $H(y_i, y_j)$ 和互信息 $MI(y_i : y_j)$ 来度量任意 2 个特征之间的相关性有一个缺点，即当可能的特征值增加时，熵和互信息值都会增加。为了解决这个问题，使用互信息和熵的比值来度量 2 个特征之间的特征关系[92]，即特征之间的相关性。

定义 2.1　特征关系

给定特征 y_i 和 y_j，这 2 个特征之间的特征关系定义为特征 y_i 和 y_j 互信息 $MI(y_i : y_j)$ 与其熵 $H(y_i, y_j)$ 的比值。

$$FR(y_i : y_j) = \frac{MI(y_i : y_j)}{H(y_i, y_j)}。$$

$$(2.3)$$

如果特征关系 FR 等于 1，即 $FR(y_i : y_j) = 1$，则 y_i 和 y_j 严格相关。否则，$FR(y_i : y_j) = 0$ 意味着 y_i 和 y_j 在统计学上是完全独立的。但是特征 y_i 和 y_j 是部分依赖的，所以特征关系 FR 值在 0 和 1 之间的任意范围内。即 $0 < FR(y_i : y_j) < 1$。

令 $C_r = \{y_j | j = 1, \cdots, q\}$ 为特征组中的任意一组。特征分组需要解决的一个大问题是寻求特征组中的一个特征 $y_j \in C_r$，它展现出最强的特征关系与特征组 C_r 中所有其他特征，这样的特征称为核心特征，记为 η_r。为了实

现这一目标，需要定义多重关系的概念来确定特征组 C_r 中的核心特征 η_r。

定义 2.2　多重关系

给定特征组 $C_r = \{y_j | j = 1, \cdots, q\}$ 和特征 $y_i \in C_r$，y_i 的多重关系 MR 度量的是特征 y_i 和特征组 C_r 中所有其他特征的特征关系和。因此，多重关系 MR 表示为：

$$MR(y_i) = \sum_{j=1}^{m} FR(y_i : y_j)。 \qquad (2.4)$$

式中，多重关系 $MR(y_i)$ 是特征 y_i 和特征组 C_r 中所有其他特征的关系和。比较特征组 C_r 中所有特征的多重关系 MR 的值，选择特征组 C_r 中的 MR 值最大的一个作为特征组 C_r 的核心特征 η_r。

2.3.3　特征分组算法

基于上述特征关系和多重关系，提出了一种特征分组算法。特征分组算法的目标是构造多个组，每个组由高度相关的特征组成。在给出算法之前先正式描述特征分组的概念。

定义 2.3　特征分组

特征分组是一个通过分配特征 $\{y_1, \cdots, y_m\}$ 到特征组 C_r 的过程，$r \in \{1, \cdots, c\}$，其中特征组 $C_1, \cdots, C_c$ 是互不相交的，即 $C_r \cap C_s = \varnothing$，对应所有 $s \in \{1, \cdots, c\} - \{r\}$。

以上定义的核心是组的数量 c。c 值的选择在特征分组算法中起着至关重要的作用。为此，使用所有组中特征关系的最大总和来计算最优 c 值。最大总和被称为聚合关系 AR，表示如下：

$$AR(c) = \sum_{r=1}^{c} \sum_{y_i \in C_r} FR(y_i : \eta_r)， \qquad (2.5)$$

对于所有 $c \in \left\{2, \cdots, \dfrac{m}{2}\right\}$，选择最优值 c 使聚合关系 AR 的值最大化[93]。

$$c = \arg \max_{c \in \left\{2, \cdots, \frac{m}{2}\right\}} AR(c)。 \qquad (2.6)$$

特征分组算法能够将给定数目的特征分成固定数量的组，而且每个组包含高度相关的特征。特征分组算法由以下 3 个主要步骤组成：

步骤 1：选择 c 个初始核心特征。在这一步中，只有第一个核心特征 η_1 是随机选择的。其余 $c-1$ 个特征组的核心特征的选择根据一个规则依次选取，选取规则就是下一个核心特征的选择要与前面已经选定的核心特征之间

的 *FR* 值最小。

步骤 2：将所有 *m* 个特征分配给 *c* 个特征组。这个步骤利用特征关系将强相关的特征放到一个组中。

步骤 3：更新所有 *c* 个特征组的中心。在每次迭代中，步骤 3 重复地更新每组中的核心特征。如果迭代中没有更新核心特征，算法终止。算法 2.1 详细描述了 WATCH 特征分组算法的伪代码。

算法 2.1　WATCH 特征分组算法

```
1:  Input:Data set DS(n objects × m features);
2:  Output:c appropriate feature groups;
3:  Calculate c;      /* c is the number of feature groups* /
4:  for(j = 1;j < =c;j + +)
5:    if(j = = 1)
6:        Randomly select a feature as the first pivot feature η₁;
7:    else
8:        Select ηⱼ,where the value of ∑ᵏ₌₁ʲ⁻¹FR(ηⱼ : ηₖ) is minimum;
9:    end if
10:end for
11:for(r =1;r < =c;r + +)
12:    for(i =1;i < =m;i + +)
13:        Compute the feature relation FR(yᵢ : ηᵣ) between yᵢ
            and ηᵣ;
14:    if FR(yᵢ : ηᵣ)≥FR(yᵢ : ηₛ)(s ∈ {1,⋯,c} - {r})
15:        assign yᵢ to Cᵣ;
16:    end for
17:    if MR(yᵢ)≥MR(yᵢ)(yᵢ,yⱼ ∈ Cᵣ,i≠j)
18:    set ηᵣ =yᵢ;
19:  end for
20:Repeatedly perform steps 11 - 19 until all the number c of
pivot features for the groups remain unchanged.
```

2.4 离群值检测算法 WATCH

2.4.1 特征加权

传统的离群检测算法认为所有特征具有同等的作用，而在实际的数据挖掘应用中，一个组中的特征可能具有不同的重要性。针对这一问题，提出了一种根据每个特征的重要性对特征进行加权的方法。

特征加权是指对一组中每个特征的重要性进行加权。权重在特征相关性方面与特征重要性相似。例如，C_r 组中特征 y_i 的权重较大，说明特征 y_i 与 C_r 组其他特征关系密切。特征权重的定义如下：

定义 2.4 特征权重

设 y_i 为特征组 C_r 中的一个特征，其中特征组共有 p 个特征。在 C_r 组中，使用特征 y_i 与所有其他特征之间的特征关系的平均值来度量特征 y_i 的权值，因此特征 y_i 的权值 $w(y_i)$ 表示为：

$$w(y_i) = \frac{1}{p}\sum_{j=1}^{p} FR(y_i : y_j) \qquad (2.7)$$

式中，权重 $w(y_i)$ 表示特征 y_i 的重要性，具有大权重值的特征比具有小权重值的特征更重要。$w(y_i)$ 的值在 0 和 1 之间。因此，$0 < w(y_j) < 1$。

2.4.2 离群得分

在计算特征权值后，结合特征权值给出离群得分。在每个特征的值域中，出现次数较低即频率较低的值很可能是离群的。当用于确定分类数据集中的理想离群对象时，数据对象的离群得分的定义如下。

定义 2.5 离群得分

设 DS 为一个包含 n 个对象的高维分类数据集，y_i 为特征组 C_r 中的一个特征，特征组 C_r 中有 p 个特征。使用所有特征中对象 x_i 的频率来量化特征组 C_r 中对象 x_i 的离群得分。因此，数据集 DS 中对象 x_i 的离群得分，记为 $Score(x_i)$，定义为：

$$Score(x_i) = \frac{1}{m}\sum_{j=1}^{m} \begin{cases} 0, & n(x_{i,j}) = 1 \\ w(y_j)g(n(x_{i,j})), & \text{其他} \end{cases} \qquad (2.8)$$

式中，$x_{i,j}$ 表示对象 x_i 的第 j 个特征的值，$n(x_{i,j})$ 是 $x_{i,j}$ 的频率。这里构造了一

个函数 $g(x) = (x-1)\log(x-1) - x\log x$ 使频率较低的对象能有较高的离群得分。

离群得分 $Score(x_i)$ 的 2 条性质：

性质 2.1 设 $n(x_{i,j})$，$Score(x_{i,j})$ 为值 $x_{i,j}$ 的频率和离群得分。频率 $n(x_{i,j})$ 和离群分数 $Score(x_{i,j})$ 具有以下相关性。如果频率 $n(x_{i,j}) > 1$，那么离群值得分 $Score(x_{i,j}) < 0$。

当值 $x_{i,j}$ 是唯一的（即只出现一次），取值 $x_{i,j}$ 达到其最大值（即 0）。因此，性质 1 暗示一个特征的得分要么为零，要么为负值。$Score(x_i)$ 提供了一个对象 x_i 可能成为离群值的度量。具体来说，得分大的对象比得分小的对象更可能是离群值。

性质 2.2 设 $x_{i,j}$ 和 $x_{k,j}$ 为第 j 个特征上的 2 个值，如果 $x_{i,j}$ 小于 $x_{k,j}$，即 $n(x_{i,j}) < n(x_{k,j})$ 且 $x_{i,j}$ 的频率大于 1，即 $n(x_{i,j}) > 1$，则 $x_{i,j}$ 的得分大于或等于 $x_{k,j}$，即 $Score(x_{i,j}) - Score(x_{k,j}) \geqslant 0$。

性质 2.1 和性质 2.2 表明，对于每个特征，该特征上的对象的频率值，得分是单调递减的。

性质 2.1 和性质 2.2 的证明详见附录。

2.4.3 离群检测算法

基于上述定义和性质，提出了一种新的基于特征分组的离群点检测算法 WATCH。算法 2.2 具体描述了离群检测过程。

算法 2.2 WATCH 算法

```
1:Input:data set DS,the number k of requested outliers;
2:Output:outlier set OS;
3:Obtain c feature groups by Algorithm 2.1;
4:for(r=1;r<=c;r++)
5:    Compute w(yi) for (1≤i≤p);      /* p是特征的数量 */
6:      for(i=1;i<=n;i++)             /* n是数据对象的数量 */
7:        Compute the outlier score for object xi;
8:      end for
9:endfor
```

```
10:Build OS by searching for the k objects with greatest Score
in CS.
```

离群检测算法以 c 个特征组和数据集 DS 作为输入。注意，c 个特征组是由算法 2.1 创建的。离群检测算法在每个特征组寻求 k 个离群值，这意味着离群值的总数为 $c \times k$ 个。算法 2.2 将从 c 个特征组中选择的所有离群值合并成一个大集合，被称为离群候选集合。离群候选集合的正式定义如下：

定义 2.6   离群候选集合

令 S_1，S_2，$\cdots$，S_c 分别为 c 个特征组的离群值集合。因此，S_i 是第 i 个特征组的离群值集。WATCH 的离群候选集合是 c 个特征组的所有异常集合的组合。因此，$CS = S_1 \cup S_2 \cup \cdots \cup S_c$。

检测算法产生一个离群值集合 OS，该 OS 由从候选集合中选择最大的 k 个离群值组成。算法 2.2 详细描述了 WATCH 离群点检测的伪代码。

WATCH 调用算法 2.1 来获得 c 个特征组，这些特征组被传递给算法 2.2，以识别 c 个特征组中的离群值。在寻找离群值之前，离群得分按照算法 2.2 的第 7 行计算。检测算法构造出的离群值集合 OS 包含 k 个离群值，其在候选集合 CS 中离群得分最大。如果一个对象存在于多个 S_i 集合中，在其中选择最大的值作为对象的离群得分，它可以表示离群的程度。通过特征分组使得 WATCH 算法能够检测到隐藏在特征组子集中的离群值。

2.4.4   时间复杂度分析

WATCH 算法的总时间复杂度取决于以下 2 个因素：①特征分组算法的时间复杂度；②离群点检测算法的时间复杂度。以下分别分析了 WATCH 2 个算法的时间复杂度。设 n 和 m 分别为数据对象和特征的数量，t 为迭代次数，c 和 p 分别表示为特征组的个数和每个特征组中特征的个数。特征分组算法的时间复杂度为 $O(m \times c \times t)$。离群检测算法的时间复杂度是 $O(n \times p \times c)$。计算最优数量 c 的时间复杂度为 $([m/2] - 1) \times O(m \times c \times t)$。综合以上，得出 WATCH 算法的时间复杂度 $O(([m/2] - 1) \times m \times c \times t + n \times p \times c)$。

2.5   实验分析

在英特尔酷睿 i7-4713MQ CPU@2.3 GHz 处理器和 4 GB 内存的工作站

上评估了 WATCH 算法的性能,并将 WATCH 算法与其他 4 种算法进行比较,用 Java 实现了 WATCH 算法及其要比较的算法,包括 AVF 算法、GA 算法、ITB 算法和 SADC 算法。WATCH 之所以能和这 4 个算法进行比较,因为这些算法都是针对分类型数据的离群挖掘算法。

2.5.1　数据集

实验使用 UCI 真实数据集和人工合成数据集比较了 WATCH 算法和其他算法的性能。数据集情况如下描述:

①真实数据集:使用来自 UCI 机器学习库的 6 个真实的分类数据集。由于知道测试数据集中每个对象所属的真实类,所以将小类中的对象定义为异常对象。Mushroom 数据集包含 8124 个对象和 22 个分类特征。Mushroom 分为有毒的和可食用的 2 类,将有毒的作为离群数据。首先从原始数据集中删除了具有缺失值的对象,然后为了保持数据集的不平衡性,参照文献 [88] 和 [89] 的实验技术,删除了一些小类中的数据对象。Connect-4、Breast-Cancer、Internet advertisements 和 Splice 数据集都是用同样的策略构建的,实验中使用的分类数据集汇总在表 2.2 中。

②合成数据集:使用 GAClust 程序生成 4 个合成数据集,每个数据集包含 5000 个数据对象。每个合成数据集包括 30 个离群数据对象。将这 4 个数据集分别称为 Data1、Data2、Data3 和 Data4。特征的数量从 50 个到 200 个不等,增量为 50 (如 Data1 有 50 个特征,Data4 有 200 个特征),4 个人工合成数据集也汇总在表 2.2 中。

表 2.2　WATCH 算法所用数据集

数据集	类型	数据对象数量	维数	离群对象数量	正常类	异常类
Mushroom	UCI	3551	22	63	edible	poisonous
Chess	UCI	1699	36	31	won	no-win
Connect-4	UCI	44916	42	443	win	loss and draw
Breast-Cancer	UCI	451	9	7	benign	malignant
Internet-ad	UCI	2851	1555	31	nonads	ads
Splice	UCI	1677	61	22	Neither	EI/IE
Data1	synthetic	5000	50	30	1	2

数据集	类型	数据对象数量	维数	离群对象数量	正常类	异常类
Data2	synthetic	5000	100	30	1	2
Data3	synthetic	5000	150	30	1	2
Data4	synthetic	5000	200	30	1	2

为了测量参数 k 对精度和效率的影响，使用了 4 个人工数据集（即 Data1 ~ Data4），同时将离群值的个数 k 从 30 变化为 90，增量为 30。通过 4 个人工合成数据集研究参数 k 和特征数量 m 对于 WATCH 算法的性能影响。使用 Data1 来评估数据对象的数量 n 对 WATCH 性能的影响；将 Data1 的 n 从 5000 变化到 20 000，增量为 5000。

2.5.2　特征分组评估

使用 Connect-4 数据集将 WATCH 算法中的特征分组 Feature Grouping（FG）与传统特征分组算法 ACA[94] 进行比较。通过与 ACA 算法的比较，对特征分组算法 FG 进行评价。从 UCI 机器学习库中选择 Connect-4 数据集作为测试数据集，是因为该数据集的特征已经自然被划分为 7 个特征组。Connect-4 数据集包含了 Connect-4 游戏中所有合法的 8 层位置，Connect-4 数据集由 67 557 个对象组成。数据集包含 42 个特征，这 7 个特征组如下所示：

①Group A contains features $y_1 - y_6$；
②Group B contains features $y_7 - y_{12}$；
③Group C contains features $y_{13} - y_{18}$；
④Group D contains features $y_{19} - y_{24}$；
⑤Group E contains features $y_{25} - y_{30}$；
⑥Group F contains features $y_{31} - y_{36}$；
⑦Group G contains features $y_{37} - y_{42}$。

这里使用 C_1、C_2、C_3、C_4、C_5、C_6 和 C_7 来表示 FG 和 ACA 构建的 7 个特征组。本实验中，在 Connect-4 数据集上使用特征分组算法 FG 和 ACA 算法生成特征组 C_1 ~ C_7。比较创建的组（C_1 ~ C_7）与 Connect-4 数据集实际的特征分组（Group A ~ Group G）。

表 2.3 总结了特征分组算法 FG 和 ACA 的实验结果。给定 Connect-4 数据集，特征分组算法 FG 创建了 7 个特征组，与原始数据集的理想特征组完

全相同。相比较，ACA 算法生成的 7 个特征组则有差异。

表 2.3　算法 FG 和 ACA 的特征分组结果

特征组	FG 算法	ACA 算法
G_1	$\{y_1, y_2, y_3, y_4, y_5, y_6\}$	$\{y_1, y_2, y_3, y_4, y_5, y_6\}$
G_2	$\{y_7, y_8, y_9, y_{10}, y_{11}, y_{12}\}$	$\{y_9, y_{10}, y_{11}, y_{12}\}$
G_3	$\{y_{13}, y_{14}, y_{15}, y_{16}, y_{17}, y_{18}\}$	$\{y_{13}, y_{14}, y_{15}, y_{16}, y_{17}, y_{18}\}$
G_4	$\{y_{19}, y_{20}, y_{21}, y_{22}, y_{23}, y_{24}\}$	$\{y_{19}, y_{20}, y_{21}, y_{22}, y_{23}, y_{24}, y_{26}, y_{27}, y_{28}\}$
G_5	$\{y_{25}, y_{26}, y_{27}, y_{28}, y_{29}, y_{30}\}$	$\{y_7, y_8, y_{30}\}$
G_6	$\{y_{31}, y_{32}, y_{33}, y_{34}, y_{35}, y_{36}\}$	$\{y_{25}, y_{31}, y_{32}, y_{33}, y_{34}, y_{35}, y_{36}\}$
G_7	$\{y_{37}, y_{38}, y_{39}, y_{40}, y_{41}, y_{42}\}$	$\{y_{29}, y_{37}, y_{38}, y_{39}, y_{40}, y_{41}, y_{42}\}$

在表示隐藏在数据集中的特征之间的相关性方面，特征分组算法 FG 得到的特征组明显优于 ACA 算法。

2.5.3　特征分组结果分析

WATCH 算法的第一阶段是调用特征分组算法 FG 来生成特征组。在这组实验中，为了具体展示特征分组结果，对 Mushroom、Chess 和 Breast-Cancer 的数据集进行了详细分析以确定特征组的数量 c，然后应用 FG 算法构造 c 个最合适的特征组。

（1）特征组数的确定

实验演示了如何选择由聚合关系（Aggregated Relation，AR）控制的 c 的最优值。更具体地说，使用 FG 创建给定数量的特征组。实验还计算了每组集合的聚合关系（AR）值，将所有特征组集合的 AR 进行比较，选出最优的组集合。在这样一个最优集合中的组数是最优 c 值。表 2.4 ~ 表 2.6 分别描述了 Mushroom、Chess 和 Breast-Cancer 数据集中所有组的聚合关系。表 2.4 ~ 表 2.6 中的 N-Groups 指的是特征组的数量。

表 2.4 显示了 Mushroom 数据集中的聚合关系值（即 10 个候选特征组，$n = 2 \sim 11$）。总共有 10 个候选组，因为特征组 c 的数量从 2 到 $m/2$ 不等，其中 m 是数据集中特征的数量。Mushroom 数据集有 22 个特征，即最大 c 值为 11（即 22/2）。选择最优 c 值的方式是使聚合关系 AR 的值最大化。比较所有 10 个候选组的 AR 值，发现当特征组的数量 c 设置为 3 时，AR 值最大

（即 4.15）。显然，3 是 Mushroom 数据集的最优 c 值。

表 2.4　Mushroom 数据集中的不同特征组数量对应的聚合关系值

特征组数量	AR 值	特征组数量	AR 值
2	4.009 752 596	7	3.853 720 557
3	4.150 000 000	8	3.672 290 259
4	4.041 003 062	9	3.644 411 724
5	4.010 782 018	10	3.213 865 580
6	3.970 379 557	11	3.160 566 588

　　表 2.5 和表 2.6 显示了 Chess 和 Breast-Cancer 的数据集中分别有 36 个和 9 个特征。Chess 和 Breast-Cancer 的数据集候选组数分别为 17（$n = 2 \sim 18$）和 4（$n = 2 \sim 5$）。表 2.5 和表 2.6 的结果表明，Chess 和 Breast-Cancer 的数据集的特征组的最优数 c 分别为 6 和 2。因此，当 c 设置为 6 和 2 时，Chess 和 Breast-Cancer 数据集的 AR 值分别最大化约为 2.27 和 1.22。综上所述，Mushroom、Chess 和 Breast-Cancer 数据集的特征分组数量分别为 3 组、6 组和 2 组。

表 2.5　Chess 数据集中的不同特征组数量对应的聚合关系值

特征组数量	AR 值	特征组数量	AR 值
2	1.527 660 455	11	2.174 635 078
3	1.745 801 163	12	2.171 712 990
4	1.928 879 341	13	2.147 696 969
5	2.017 172 539	14	2.151 456 700
6	2.272 650 959	15	2.117 564 141
7	2.160 618 860	16	2.075 186 288
8	2.151 349 722	17	2.054 388 651
9	2.026 171 910	18	2.023 863 368
10	2.090 797 590		

表 2.6　Breast-Cancer 数据集中的不同特征组数量对应的聚合关系值

特征组数量	AR 值	特征组数量	AR 值
2	1.223 353 290	4	0.826 194 304
3	1.115 830 101	5	0.810 923 114

（2）特征分组结果

在确定给定数据集的最优组数 c 后，WATCH 应用特征分组算法在离群值检测前构造特征组。在这组实验中，使用以上 3 个实际数据集来评估 FG 算法。表 2.7 分别显示了 Mushroom、Chess 和 Breast-Cancer 数据集的特征分组结果。

表 2.7　Mushroom、Chess 和 Breast-Cancer 数据集的特征分组结果

特征分组	Mushroom 数据集	Chess 数据集	Breast-Cancer 数据集
C_1	y_1，y_3，y_5，y_8，y_{10}，y_{11}，y_{20}	y_1，y_{10}，y_{11}，y_{15}，y_{20}，y_{25}，y_{26}，y_{28}，y_{31}，y_{36}	y_1，y_3
C_2	y_2，y_4，y_7，y_9，y_{12}，y_{13}，y_{14}，y_{15}，y_{17}，y_{19}，y_{21}，y_{22}	y_2，y_{13}，y_{18}，y_{19}，y_{21}，y_{30}，y_{34}	y_2，y_4，y_5，y_6，y_7，y_8，y_9
C_3	y_6，y_{16}，y_{18}	y_3，y_{14}，y_{16}	
C_4		y_4，y_5，y_{12}，y_{17}，y_{23}，y_{24}，y_{27}	
C_5		y_6，y_{29}，y_{32}，y_{33}，y_{35}	
C_6		y_7，y_8，y_9，y_{22}	

2.5.4　离群点检测的精度

为了评价高维分类数据的离群挖掘性能，采用精度对离群点检测算法进行量化，表示如下：

$$\text{Precision} = \frac{tp}{tp + fp}。\tag{2.9}$$

其中，Precision 代表精度，tp 代表正确检测为离群点的数目，fp 代表正常数据被错误地检测为离群点的数目。

下面重点讨论参数 k 对检测精度的影响，使用不同数据集来验证精度。

（1）参数 k 对精度的影响

在 WATCH 算法中，参数 k 是离群数据的个数。使用 4 个人工合成数据集，以测量参数 k 对 WATCH 精度的影响；分别将 k 值设置为 30、60 和 90。

从图 2.1 可以看出，无论 k 取值多少，WATCH 算法在检测精度上都优于 AVF、GA、ITB 和 SADC 算法。例如，从图 2.1a 可以看出，在 Data4 中 WATCH 相对于 AVF、GA、ITB 和 SADC 的精度分别提高了 78.4%、94.1%、78.4% 和 37.5%，平均提高了 62%、88%、68.1% 和 25.6%。WATCH 提高了离群检测的精度，是因为它有助于检测隐藏在高维分类数据特征组中的离群值。

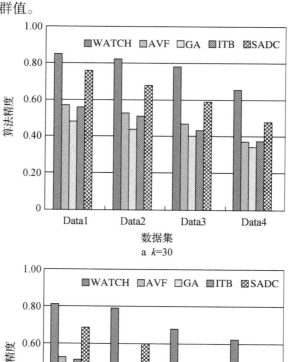

a k=30

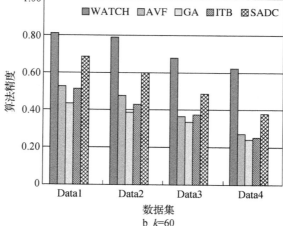

b k=60

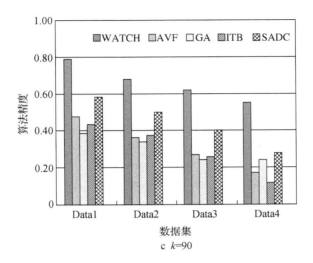

c $k=90$

图 2.1　参数 k 不同取值时的 WATCH 算法精度

对比图 2.1a ~ 图 2.1c，可以观察到参数 k 值的增加对精度性能有不利影响。这种性能下降表明，提高 k 值会提高离群检测的难度。有些数据集（如 Data2 和 Data3）比其他数据集（如 Data1）对参数 k 更敏感。例如，给定数据集 Data1，当 k 分别为 30、60 和 90 时，WATCH 的精度分别为 0.85、0.81 和 0.79。而在 Data2 中，WATCH 精度分别为 0.82、0.79 和 0.68。

在图 2.1 的每个子图中，可以观察到增加特征的数量会降低精度。这种趋势在所有 5 个算法中都表现明显。大多数算法在特征数量增加时容易产生误差，从而降低了挖掘精度。例如，从图 2.1（a）可以看出，将 50 个特征（参见 Data1）改变为 200 个特征（参见 Data4）时，WATCH 的精度从 0.85 下降到 0.66。这种性能趋势意味着，增加特征的数量会增加发现离群值的难度。

（2）特征加权的影响

为了研究特征加权对精度的影响，算法通过去掉特征加权来对比 Mushroom、Chess、Connect-4 和 Breast-Cancer 数据集的实验结果，特征加权对 WATCH 算法的影响如表 2.8 所示。

表 2.8 显示了特征加权的算法和没有特征加权的算法两者之间的精度差异。结果表明，对于 Mushroom、Chess 和 Connect-4 数据集，WATCH 算法的

表 2.8　特征加权对 WATCH 算法的影响

UCI 数据集	离群数据的数量	算法精度	
	k	Unweighted WATCH	WATCH
Mushroom	63	0.85	0.87
Chess	31	0.82	0.83
Connect-4	443	0.67	0.72
Breast-Cancer	7	0.85	0.85

加权精度比非加权精度分别提高了 2%、1% 和 5%，但对于 Breast-Cancer 数据集两者没有差异。特征加权更有利于 Connect-4 数据集，由于特征加权对精度改进的影响很大程度上依赖于参数 k，较大的 k 值导致精度较低，为特征加权优化挖掘精度提供了充足的机会。当 k 很小时（例如，Breast-Cancer 数据集中 k 为 7），精度改进的机会就会减少。

（3）真实数据集的精度

通过对 6 个真实数据集进行测试，验证了实验结果的正确性。WATCH 算法及其比较算法的精度结果如表 2.9 所示。表 2.9 表明，对于 AVF 算法，WATCH 算法在 6 个数据集的挖掘精度分别提高了 42%、26%、36%、28%、46% 和 72%。同样地，对于 GA 算法，WATCH 精度分别提高了 39%、50%、39%、56%、55% 和 59%；对于 ITB 算法，WATCH 算法精度分别提高了 52%、51%、59%、56%、65% 和 72%。但对于 SADC 算法，WATCH 的挖掘精度对于 Mushroom、Chess、Internet-advertisements 和 Splice 数据集分别提高了 30%、28%、62% 和 55%，但是对于 Connect-4 和 Breast-Cancer 数据集，WATCH 算法没有任何改进。

表 2.9　UCI 数据集的精度比较

UCI 数据集	WATCH 算法	AVF 算法	GA 算法	ITB 算法	SADC 算法
Mushroom	0.87	0.45	0.48	0.35	0.57
Chess	0.83	0.57	0.33	0.32	0.55
Connect-4	0.72	0.36	0.33	0.13	0.72
Breast-Cancer	0.85	0.57	0.29	0.29	0.85
Internet-advertisements	0.94	0.48	0.39	0.29	0.32
Splice	0.95	0.23	0.36	0.23	0.4

（4）SPSS 统计验证

进行统计检验，以显示所得结果的重要性。更详细的是，在 SPSS 统计中进行 Friedman 检验，看 5 种算法是否有差异；表 2.10 列出了 WATCH 算法与所有比较算法在 UCI 所有数据集的对比结果。Friedman 测试比较 5 个算法之间的 average rank，根据 Friedman 测试，在显著性水平 $\alpha = 0.05$，卡方检验值是 18.051，$p = 0.001$，相关组的 average rank 有显著统计学差异。

表 2.10 统计验证

统计描述	WATCH 算法	AVF 算法	GA 算法	ITB 算法	SADC 算法
Avg. Pre	0.8600	0.4433	0.3633	0.2683	0.5817
Std. Dev	0.08390	0.13110	0.06623	0.07859	0.19354
Max	0.95	0.57	0.48	0.35	0.85
Min	0.72	0.23	0.29	0.13	0.32
Avg. Rank	4.75	2.92	2.42	1.17	3.75

为了检查差异实际发生的地方，需要运行 post hoc 测试，使用 Wilcoxon signed-rank 测试对不同的算法组合进行测试。

2.5.5 离群检测效率

这部分通过改变特征数量、数据对象数量和离群数据的数量来评估 WATCH 算法的效率。在这组实验中，采用 4 个合成数据集来进行测试，评估这些参数对 WATCH 算法的影响。

①特征数：首先来衡量特征数量对 WATCH 效率的影响。随着特征数量越来越多，图 2.2 显示了 4 种算法处理 4 组数据的运行时间。其中特征的数量从 50 个变化到 200 个，增量为 50（即 Data1 有 50 个特征，Data4 有 200 个特征）。

从图 2.2 中可以看出，在这 5 个测试算法中，WATCH 优于 GA、ITB 和 SADC 算法。GA、ITB 和 SADC 与 WATCH 和 AVF 相比，执行时间对特征的数量更为敏感。这一趋势在于 GA、ITB 和 SADC 的时间复杂度较高，分别为 $O(n \times m \times k)$，$O(n \times m + k \times m(UO))$ 和 $O(n \times m \times m \times \log m)$。ITB 算法的时间复杂度高部分归因于异常值上界的计算。有趣的是，随着特征数量越来越多，WATCH 和 SADC 之间的性能差距也越来越大。对 GA 和 ITB 算

43

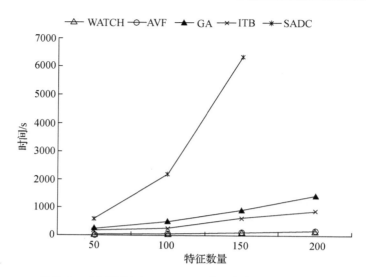

图 2.2　特征数量对 WATCH 及其比较算法效率的影响

法，WATCH 算法效率也有明显的差距。然而，对于 AVF 算法，WATCH 效率没有明显的差异。

②数据对象数量：将合成数据集 Data1 中的数据对象数量从 5000 增加为 20 000，增量为 5000。图 2.3 显示了数据对象数量对 WATCH 算法执行时间和其他 4 个比较算法的影响。

从图 2.3 中观察到以下 3 个现象。首先，无论数据对象的数量如何，WATCH 算法在检测效率方面始终优于 AVF、GA、ITB 和 SADC 算法。这种性能趋势与图 2.2 所示一致。其次，随着数据对象数量的增加，对于 SADC 和 GA 算法，WATCH 算法效率的提高越来越明显。例如，当对象数量设置为 15 000 时，WATCH 比较于 SADC、GA 和 ITB 的执行时间减少 91.8%、76.4% 和 47.5%；如果对象数量为 10 000，WATCH 比较于 SADC、GA 和 ITB，执行时间缩短 91.8%、82.9% 和 70.4%。最后，WATCH 和 AVF 在 10 000 及以下的情况下具有相似的效率。当对象数量较大时，WATCH 的性能略优于 AVF。例如，当对象数量分别配置为 15 000 和 20 000 时，WATCH 相比较于 AVF 的执行时间分别减少了 3.0% 和 14.5%。实验结果表明，对于非常大的数据集，WATCH 能够显著提高离群检测效率。

③参数 k 对效率的影响：为了测量参数 k 对 WATCH 算法效率的影响，使用 Data1，Data2 和 Data3 数据集，并将 k 值分别设置为 30、60 和 90。结

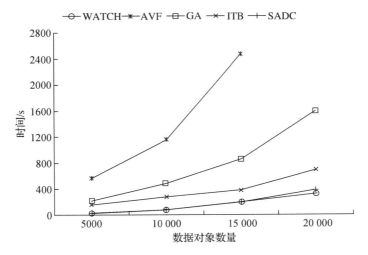

图 2.3　数据对象对 WATCH 及其比较算法效率的影响

果如图 2.4 所示。

从图 2.4 可以看出，无论 k 取值多少，WATCH 算法在检测效率上都优于 AVF、GA、ITB 和 SADC 算法。由图 2.4a 可知，WATCH、AVF、GA、ITB、SADC 的平均执行时间分别为 27.8 s、28.3 s、432 s、164 s 和 578.1 s。由于 WATCH 的时间复杂度较低，它提高了离群检测的效率。

在图 2.4 的每个子图中可以观察到 WATCH、AVF、ITB 和 SADC 的性能对参数 k 的取值不敏感。相比之下，当 k 值增加时，GA 的执行时间急剧增加。例如，在 Data2 中，当 k 为 30、60 和 90 时，GA 的运行时间分别为 458.5 s、876.5 s 和 1358.8 s。GA 对 k 非常敏感，因为挖掘每个离群对象都需要扫描一次数据集。因此，挖掘 k 个离群数据意味着 GA 必须扫描数据集 k 次。这样，当 k 增加时，GA 的执行时间会显著增加。

对比图 2.4a ~ 图 2.4c 可以发现增加特征数量会降低效率。这种趋势在所有算法都很明显。图 2.4 展示了将特征的数量从 50 个（参见 Data1）改变到 150（参见 Data3），WATCH 的运行时间从 27.4 s 增加到 107 s。这种性能趋势意味着增加特征的数量会提高高维分类数据集中离群挖掘的运行时间。

2.5.6　可解释性

使用 UCI 数据集[15]中的乳腺癌（Breast-Cancer）数据集来评估 WATCH

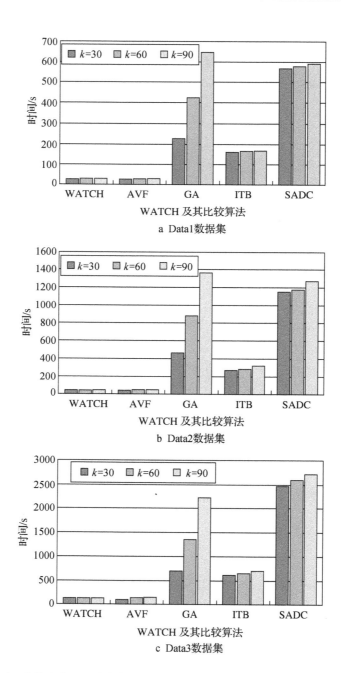

a Data1数据集

b Data2数据集

c Data3数据集

图 2.4　参数 *k* 在不同大小数据集上对 WATCH 及其比较算法效率的影响

算法检测到的异常值的可解释性。乳腺癌数据集有 9 个特征（即肿块厚度、细胞大小均匀、细胞形状均匀、黏附性、单个上皮细胞大小、细胞核裸露、染色质淡色、核仁正常、有丝分裂），每个特征值都是一个整数，范围从 1 到 10，其中 1 代表最正常的测试指标，10 代表最不正常的指标。在数据集中运行 WATCH 算法，其中有 699 个数据对象。表 2.11 描述了算法检测到的特征分组结果和异常值。

表 2.11　Breast-Cancer 数据集的特征分组及离群检测结果

特征组	Breast-Cancer 数据集特征	数据对象编号
C_1	肿块厚度、细胞形状的均匀性	1113906
C_2	细胞大小的均匀性、黏附性、单个上皮细胞大小、细胞核裸露、染色质淡色、核仁正常、有丝分裂	1313325

表 2.11 总结了特征分组的信息和特征分组中对象的标识。例如，NO. 1113906 对象是特征组 C_1 中的一个离群值。值得注意的是，在全维空间中，这个对象不能被检测为异常值，因为在全维空间中对象被视为正常数据对象。但事实上这个数据对象在"肿块厚度"特征下的值明显偏离其正常范围，认为数据对象是恶性的。如果从乳腺癌数据中检测到这样的一个异常值，表明乳腺癌开始恶化。

2.6　本章小结

本章提出了名为 WATCH 的离群检测算法，利用加权特征分组技术检测高维分类数据集中的异常值。在 WATCH 中实现了 2 个模块。第一个模块通过测量特征之间的相关性来创建特征组。这个模块将具有相似含义的特征放在一个组中。第二个模块通过为每个特征组中的对象分配离群得分来执行离群检测。WATCH 将离群得分较高的数据对象标记为特征组中的异常值。而且算法研究了如何分配特征权重来区分特征的重要性。WATCH 算法的突出优势在于它能够检测隐藏在特征组子集中的异常值。通过使用合成数据和真实分类数据集对算法进行了验证，大量的实验证实了 WATCH 算法在检测精度、效率和可解释性等方面的优势。

第 3 章　基于 Spark 的分类
数据并行离群挖掘

本章基于 Spark 并行计算平台，在第二章 WATCH 算法的基础上，研究了一种处理高维海量数据集的并行离群检测算法——POS，POS 的核心是基于 Spark 计算平台的并行计算策略实现的。POS 通过并行特征分组和并行离群检测，有效地将大规模分类数据集分布在集群的计算节点上；通过 RDD 缓存和参数调优的并行优化策略提高 POS 的性能。最后使用人工合成数据集和 UCI 数据集验证了 POS 算法的有效性、可扩展性和可伸缩性。

3.1　引言

随着大数据时代的到来，人们迫切需要从大数据中挖掘有益的信息和知识，所以致力于此的并行数据挖掘技术得到了学术界和产业界的极大关注。随着数据量的快速增长和数据挖掘领域中大量并行计算的应用，将并行计算与数据挖掘技术相结合的并行挖掘技术广泛应用于社会的各个领域[95-97]。

本章研究了高维分类数据的并行离群挖掘问题。首先，通过特征相关性将特征划分为组，证明了特征分组方法能够显著提高离群挖掘的准确率。其次，阐述了 Spark 平台上并行离群挖掘算法 POS 的设计。并行高维分类数据离群挖掘的研究主要是出于以下几方面原因。

（1）传统的离群挖掘技术不适用于高维分类数据

在越来越多的应用程序中，数据是由分类特征描述的，然而，很多传统的应用很好的离群挖掘方法都用于处理数值数据。显然，①分类数据的值不可能毫无损失地直接映射到序数值。②现实世界的很多分类数据具有高维特征，并且由多个测量和观测源集成，传统的方法不能很好地处理高维数据。

（2）特征分组可以一定程度上提高离群挖掘的准确性

异常值不同于正常数据，可能隐藏重要的或特殊的信息，这些信息可以为决策和未来趋势预测提供有价值的指导。现有的离群检测算法往往忽略了特征之间的相关性，而实际上各种特征捕获了数据集多种类型的信息。理想情况下，相似的特征应该组织在一个特征组中。

（3）对处理高维海量数据集的并行离群检测技术的需求变大

挖掘高维海量数据集的异常值是非常耗时的。一些研究[50-51]关注于提高离群值挖掘的性能。遗憾的是，由于计算和存储资源有限，无法处理高维海量数据集。并行计算方法越来越成为处理海量数据的关键，这种趋势促使我们研究大规模高维数据的并行离群挖掘算法。并行的离群挖掘算法已经得到了越来越多的关注，但其中很多算法是基于 MPI、GPU、多核或 MapReduce 编程模型，基于 Spark 的离群挖掘算法仍然较少。Spark 是一种为快速计算而设计的集群计算技术。Spark 扩展了 MapReduce 编程模型，有效地支持交互式查询和流处理等现代计算模型。Spark 集群的主要特点是内存计算，加快了在大数据应用中处理大规模数据集的速度。

本章研究了一种利用 Spark 平台处理高维分类数据的并行离群挖掘方法 POS，该算法使用了 Spark API 中的一些操作来简化代码并行化。实验结果表明，POS 算法在挖掘精度和计算效率方面具有一定的优越性。其主要贡献如下：

①在特征分组过程中，提出了一种选择初始核心特征的方法，以提高 POS 算法的离群检测精度。

②在 Spark 计算环境中实现并行特征分组和并行离群得分计算，有效地将大规模数据集分布在集群的计算节点上。

③为了提高 POS 的计算性能，采用了一些并行优化策略，包括 RDD 缓存和参数调优等。

④使用 UCI 数据集和人工合成数据集进行了大量的实验，实验验证了 POS 算法的可扩展性和可伸缩性。

3.2　基本概念

3.2.1　高维分类数据特征组

分类数据的值是有限的、无序的和不可比较的。例如，人的性别就属于分类数据，其值为男和女。给定一个高维分类数据集 DS，$O = \{o_1, o_2, \cdots,$

o_n} 是数据集 DS 中 n 个数据对象的集合，$Y = \{y_1, y_2, \cdots, y_m\}$ 是 m 个分类特征的集合，$C = \{C_1, C_2, \cdots, C_r\}$ 是 r 个特征组的集合。特征分组要解决的问题在于将每个特征（如 y_j，$j \leq m$）归入一个特征组中，从而将特征集合 Y 分为 r 个特征组。图 3.1 显示了数据集 DS 中的特征集合 Y 和特征组集合 C 之间的关系。

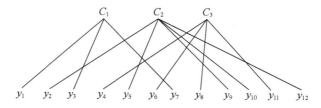

图 3.1　数据集中的特征组

在本例中，数据集 DS 中特征集 Y 包含 12 个分类特征 $Y = \{y_1, y_2, \cdots, y_{12}\}$，这些特征被分为 3 个特征组 $C = \{C_1, C_2, C_3\}$。其中，$C_1 = \{y_1, y_3, y_7\}$，$C_2 = \{y_2, y_5, y_9, y_{10}, y_{12}\}$，$C_3 = \{y_4, y_6, y_8, y_{11}\}$。表 3.1 列出了文中用到的符号及对它们的描述。

表 3.1　符号及其描述

符号	描述	符号	描述
DS	数据集	o_{ij}	数据对象 o_i 的第 j 个属性
Y	属性集	n	数据对象数目
O	数据对象集	Cr	第 r 个特征组
y_j	第 j 个属性	r	特征组数目
o_i	第 i 个数据	m	特征数目

3.2.2　MapReduce 和 Spark RDD

随着大数据应用的爆炸式增长，传统的计算平台在数据处理上遇到了障碍。分布式计算和并行计算作为一种实用的方法，在促进大数据分析方面越来越具有优势。

MapReduce 编程模型是 Hadoop 的核心技术基础之一。MapReduce 是从 Map 和 Reduce 函数的函数式编程语言中派生出来的。MapReduce 定义的抽象编程接口通过将数据转换为键/值对来处理。MapReduce 的一个缺点是它消耗磁盘容量，因此减慢了 Hadoop 集群上使用 MapReduce 编程模型的并行离群挖掘过程。

Spark[11-12] 是适合大数据处理的并行计算平台；Spark 具有内存计算和有效的容错功能，能够有效避免磁盘 I/O 访问的中间结果。大量的实践证明，Spark 是支持全面数据挖掘算法的很有前景的并行计算平台。弹性分布式数据集（RDD）是 Spark 的核心，是一种特殊的数据模型，它是分区的、只读的和不可变的数据集。RDD 的操作可以分为动作（Actions）和转换（Transformations）两大类。动作操作是对 RDD 进行计算，然后将计算结果返回给驱动程序。而转换操作是延迟执行的，由惰性策略管理。如果提交了转换操作，则不会立即执行任何任务，只有动作操作才能触发转换操作的执行，惰性策略优化了 Spark 的性能。

3.3　特征分组

本小节首先概述特征分组的基本概念，其次描述基于 Spark 的特征分组并行实现。

3.3.1　特征分组的基本概念

特征分组的目的是将一组高度相关的特征放入一个组中；特征组中的特征都相互关联。因为熵和互信息这 2 个度量可以捕获特征间相互依赖的信息，因此熵和互信息被用来量化分类数据之间的相似性，具体描述见第二章 2.3.2 小节。

3.3.2　基于 Spark 的特征分组的并行实现

在大量高维数据集中处理特征分组是一项耗时的工作，通过在集群上计算特征相关性，加快了大数据的特征分组过程。内存计算和弹性分布式数据集是 Spark 平台的核心。处理之前，原始数据集被分成数据块分布到 Spark 集群中的计算节点；每个节点独立地处理其本地数据。在 Spark 应用中，Transformations 和 Actions 操作有效地实现了并行计算。一个大数据集的所有数据对象均匀分布在 Spark 集群的数据节点上。一般来说，每个数据节点管理的数据量等于数据总量除以数据节点数。

下面列出基于 Spark 的并行特征分组的 3 个步骤。

步骤 1：加载数据。将原始数据集转换为 RDD。原始数据集保存在分布式文件系统 HDFS 中。POS 算法构建了一个数据加载模块从 HDFS 获取原始数据集并将数据转换为 RDD。

步骤 2：构建 RDD 对象。步骤 1 生成的 RDD 被转换为一组 RDD 对象，这些对象是由 RDD 操作专门处理的。RDD 对象是通过 map 转换操作和 split 函数构造的。map 操作只读取一行数据集，split 函数的功能是用一个特定的分隔符分隔每一行的数据，map 和 split 操作把 RDD 数据转换为 RDD 对象，再做后续的计算。

步骤 3：并行计算特征关系。这一步主要是通过 map 和 countByKey 操作并行计算特征的相关性。此步骤从计算特征对之间的信息熵和互信息开始，然后通过计算得到 2 个特征之间的特征关系 FR。

3.4 基于 Spark 的 POS 算法

3.4.1 基于 Spark 的 POS 算法的工作流程

POS 算法是在 Spark 的 standalone 模式下实现的，其中 Driver 是在开发程序中执行 main 函数的过程，而 Executor 是独立运行任务的工作过程。RDD 存储在 Spark 集群的多个计算节点中，可以根据需要将其缓存以提高性能。POS 算法中 RDD 的生成和变换如图 3.2 所示，Spark 作业流程如图 3.3 所示。

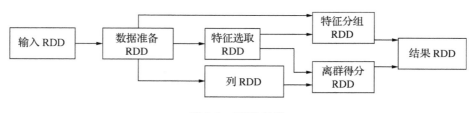

图 3.2　RDD 转换

输入 RDD 是从 HDFS 文件系统读取的原始数据集转换而来的弹性分布式数据集。POS 使用 map 函数将输入 RDD 转换为数据准备 RDD。特征选取 RDD 是数据准备 RDD 的垂直转换结果。通过并行特征分组算法，POS 算法从数据准备 RDD 和特征选取 RDD 的转换中得到特征分组 RDD。POS 算法采取并行策略从列 RDD 和特征选取 RDD 中获取离群得分 RDD。结果 RDD 是由 sortBy 和 take 操作计算得到的最终 RDD。

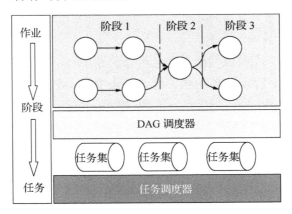

图 3.3　Spark 作业流程

当应用程序遇到 Action 操作（如 countByKey 和 sortBy）时，Spark 应用程序生成一个作业（Job）。在 DAGScheduler 调度作业之后，根据 RDD 依赖关系，作业被划分为一组阶段（Stages）。每个阶段执行一个代码片段并创建一批任务（Tasks）。这些任务依次根据 RDD 中分区的数量和分布生成一组相应的任务；任务被包装成任务集（TaskSet）提交给任务调度器（Task-Scheduler），然后任务调度器执行任务。

在执行阶段中的所有任务之后，中间结果被写入每个节点上的本地磁盘文件。完成一个阶段后，Driver 程序将调度下一个阶段。后续阶段的输入数据是前一个相邻阶段的输出。阶段的划分是以 shuffle 操作为边界的，shuffle 操作之前形成一个阶段，在 shuffle 操作之后形成另外一个阶段。

3.4.2　基于 Spark 的特征分组

POS 是一个两阶段离群挖掘算法，它善于发现高维分类数据集特征组中的离群值。POS 的 2 个阶段是：基于 Spark 的并行特征分组和并行离群挖掘。

特征组中的特征之间可能会显示出很强的关联性，因为高度相关的特征被归类到相同的特征组中。这个阶段提供了一种计算特征关系 FR 的方法，用于度量特征对之间的特征相关性。POS 算法通过调用特征分组算法产生特征组，此外还对选取初始核心特征的方法进行了优化。特征分组主要是将给定的特征划分到固定数量的特征组中，每个组都包含高度相关的特征。特征分组阶段包括以下 3 个步骤。

（1）并行计算特征关系

特征分组的一个关键问题是量化特征关系 FR。通过计算 2 个特征之间的 FR 值评估 2 个特征之间的相关性。首先使用 val 关键字来定义 2 个值，即 doubleCol 和 ab，通过使用 map 将名为 dataPre 的 RDD 转换为形如 $((x(m);x(n)),1)$ 的键值对格式。值得注意的是，$(x(m);x(n))$ 是属性 m 和 n 的属性值对；1 表示属性值对出现 1 次。计算属性对的熵和互信息［如属性对 $(m:n)$］，必须跟踪每个属性值对的总出现次数。给定一个属性值对 $(x(m);x(n))$，用一种并行计算方法来计算 $x(m)$ 的出现次数，以分布式方式存储在所有数据节点上。

Spark 集群中的每个节点独立计算 $(x(m);x(n))$ 的局部出现次数，因此，多个节点都在并行计算 $(x(m);x(n))$ 的出现次数。在统计 $(x(m);x(n))$ 的局部计数之后，算法 3.1 使用 countByKey 操作将局部计数聚合为 $(x(m);x(n))$ 的全局计数。一个属性值对及它出现的次数，以键值对的形式［如 $(x(m);x(n)),5)$］保存在 Val doublecol 中。Val ab 的作用类似于 Val doublecol 的作用，只是 Val ab 跟踪单个属性值及属性值在一维上的出现情况。

算法 3.1 中对特定属性对［如 $(y_1;y_2)$］熵和互信息进行量化很大程度上依赖于 3 个项目，包括 $t_1 = \text{doublecol}(y_1)(y_2)$，$t_2 = \text{ab}(y_1)$ 和 $t_3 = \text{ab}(y_2)$。更简单地说，doublecol $(y_1)(y_2)$、ab(y_1) 和 ab(y_2) 是从前面提到的属性值对的并行计算中推导出来的。计算 3 个概率（即 pr_2、pr_{1A} 和 pr_{1B}），这是测量熵和互信息的 3 个构建模块（参见 sumI 和 sumH）。最后返回熵和互信息的比值作为特征关系 FR 的值。算法 3.1 描述了计算 FR 的伪代码。

算法 3.1　计算 FR 的伪代码

```
1:Input:Data set DS(n objects × m features),a RDD built from
DS,column number of two features;
2:Output:FR between a pair of features;
```

```
3:val doubleCol = new Array[ArrayBuffer[Map[(String,String),
Long]]](dimension);
4:for(m < - 0 until dimension)
5:  for(n < - 0 until dimension)
6:    doubleCol(m)(n) + = datapre.map(x = >((x(m);x(n));1)).
countByKey().toMap;
7:  end for
8:end for
9:val ab = ArrayBuffer[Map[String,Long]]();
10:for(k < - 0 until dimension)
11:  ab + = datapre.map(x = >(x(k);1)).countByKey().toMap;
12:end for
13:function CalculateFR(y₁:Int;y₂:Int):Double
14:  val t₁ = doubleCol(y₁)(y₂);
15:  val t₂ = ab(y₁);
16:  val t₃ = ab(y₂);
17:  var sumI:Double = 0;
18:  var sumH:Double = 0;
19:    for(i < - t₁.keys)
20:      val pr₂ = probability2(t₁,i);
21:      val pr₁ₐ = probability1(t₂,i._1);
22:      val pr₁ᵦ = probability1(t₃,i._2);
23:      sumI + = pr₂* Math:log(pr₂ = (pr₁ₐ* pr₁ᵦ));
24:      sumH = sumH + ( -pr₂* Math:log(pr₂)).toDouble;
25:    end for
26:  return sumI/sumH;
27:end function
```

（2）选择初始特征

初始特征的选择是特征分组阶段的一个基本步骤。算法 3.2 描述了如何选择最合适的初始特征的详细过程。给定数据集 DS 的 m 个特征值，算法 3.2 选取 c 个初始特征值作为特征分组的核心特征。

算法 3.2　选择初始特征

```
1:Input:Data set DS(n objects × m features),a RDD built from
DS;c /* the number of feature groups * /
2:Output:An Array of indexes of initial features;
3:var attrimap = scala. collection. mutable. Map();
4:function ChoiceInitialFeature(n:Int):Array[Int]
5:  val initial features = new ArrayList[Int]();
6:  var fr = new Array[Double](dimension);
7:  val Arraycip = new Array[Int](n);
8:  for(i < - 0 until n)
9:    if(i = = 0)then
10:    var r = new Random();
11:    val feature1 = r. nextInt(dimension);
12:    Arraycip(i) = feature1;
13:    initial features. add(feature1);
14:  else
15:    for(j < - 0 until dimension)
16:      for(k < - 0 until initial features:size())
17:        fr(j) + = CalculateFR(initial features. get(k),j);
18:      end for
19:    end for
20:  end for
21:  function arrayToMap():scala. collection. mutable. Map[Int,
Double]
22:    for(k < - 0 until fr. length)
23:      attrimap + = (i - > fr(i));
24:    end for
25:    return attrimap;
26:  end function
27:  val valueMapvalue = arrayToMap();
28:  val valueMapvaluesort = valueMapvalue. toSeq. sortBy;
```

```
29:    val lsArray = valueMapvaluesort. map. toArray;
30:    var bool = true;
31:    for (m < - 0 until lsArray. length)
32:      if initial features. contains (lsArray(i)) then
33:        bool = true;
34:      else
35:        breakable
36:          Arraycip(i) = lsArray(i);
37:          initial features. add(Arraycip(i));
38:          break();
39:        end breakable
40:      end if
41:    end for
42:    attrimap. clear();
43:    return Arraycip;
44: end function
```

核心特征选取的原则是选择 c 个特征，使 c 个特征与所有其他特征之间的特征关系松散。根据 FR 的定义可以得出，如果 $FR(y_i; y_j)$ 值很小，则 y_i 和 y_j 的特征关系松散。

在深入研究算法细节之前，先介绍关键的数据结构。首先创建一个可变映射集合 attrimap，其中每一项是形如（col, sum）的元组，col 为所选初始特征的列号，sum 为所选特征与所有其他特征之间 FR 值的总和。变量 fr 是一维数组，它临时存储所选初始特征的 FR 值与其他候选特征的总和。

接下来描述了选取核心特征的方法。算法首先随机选择第一个核心特征 η_1，放入初始特征数组中。第二核心特征 η_2 的选择是与核心特征 η_1 之间的特征关系 FR 值最小。也就是说，在所有候选特征中，第二个选择的特征和第一个特征是特征关系最松散的。算法反复执行上述步骤，已经选择的初始特征存储在数组中，从而确定剩余的初始特征。最后返回一维数组 cip，其中存放所需初始特征的所有列号。重要的是确保存储在初始特征数组中的任何已经选定的特征都不能再成为候选特征，这样的约束是很必要的。

（3）特征分组

下面的算法是用算法 3.2 得到的 c 个初始特征作为核心特征，将总数 m

个特征划分到 c 个组中，围绕每个核心特征，强相关的特征被放在一个特征组中。相关特征之间的相关性用特征关系 FR 来度量。算法 3.3 通过计算 MR 更新所有 c 个特征组的核心特征。重复上述步骤，直到所有核心特征保持不变。算法 3.3 描述了特征分组的伪代码。

算法 3.3　特征分组函数

```
1:Input:Data set DS(n objects × m features),c initial fea-
tures;/* c is the number of feature groups * /
2:Output:c feature groups;
3:function FG(col:Array[Int])
4:  for(r = 1;r < = c;r + +)
5:    for(i = 1;i < = m;i + +)
6:      Calculate FR(yi:ηr)of yi and ηr;
7:        if FR(yi:ηr)≥ FR(yi:ηs)(s∈(1…c)-(r))
8:          assign yi to Cr;
9:        end if
10:    end for
11:    if MR(yi)≥ MR(yj)(yj∈Cr;j≠i)
12:      set ηr = yi;
13:    end if
14:  end for
15:Steps 4 -14 are repeatedly performed until all the number c
of initial features for the groups has no further update);
16:end function
```

3.4.3　并行离群挖掘

POS 的第二阶段是在高维分类数据中发现异常值，包括特征权重和离群得分的计算。特征加权的目的是强调一个组中每个特征的重要性。离群得分的计算是精确检测数据集中频率较低的离群对象。

（1）并行计算离群得分

算法 3.4 首先通过使用 map 算子并行地将 RDD datalist 转换为 RDD

columrdd，并且缓存 columrdd。然后向 Spark 集群的数据节点广播 columrdd。除了并行转换外，所有数据对象的离群得分的计算都是通过 map 算子进行并行计算完成的。变量 sum1 以元组（k；s）形式保存数据，其中 k 表示对象 ID，s 表示对象的离群值。

为了提高计算离群得分的性能，所有数据节点独立并行地计算并缓存离群得分。算法 3.4 使用 sortBy 算子将分布在所有节点上的离群得分进行聚合，更具体地说是将所有数据节点生成的对象的离群得分进行排序。在排序列表得到之后执行 take 操作从 RDD sum1 中获得了前 k 个数据对象；这 k 个数据对象被存储回 sum1 中，最后返回 sum1。以下算法 3.4 详细介绍了计算离群得分算法的伪代码。

算法 3.4　计算离群得分

```
1:Input: Data set DS (n objects ×m features), a RDD built
from DS;
2:Output:A Map of outlier scores;
3:function OS(dataList:RDD[Array[String]],col:Array[Int]):
Map[Int,Double]
4:  val columnrdd = dataList.map(x = > {
5:  var list1 =new Array[String](col.length);
6:    for(i < -0 until col.length)
7:      list1(i) =x(col(i));
8:  end for
9:  return list1;
10:  }).persist();
11:  var mapBC = sc.broadcast(columnrdd)
12:  var k:Int =0;
13:  val sum1 =mapBC.value.map(x = > { var s:Double =0;
14:  Calculate s;
15:  (k,s)});
16:  sum 1.sortBy(_._2).take(k).toMap;
17:  return sum 1;
18:end function
```

（2）main 函数

POS 算法集成了 choosing initial-feature 模块、feature-group 模块和 outlier-score 模块，其中包括以下 4 个步骤：

步骤 1：初始化数据。通过创建 SparkContext 和 SparkConf 来进行初始化。对象 SparkConf 包含作为参数传递给 SparkContext 构造函数的信息。输入文件路径被传递给 textFile 函数以从 HDFS 文件系统中读取文件。

步骤 2：构建 RDD。POS 应用 map 和 split 操作将 RDD data 转换为 RDD datapre。persist 操作缓存 RDD datapre，以便重用，存储策略的选择（如 MEMORY_ONLY 和 MEMORY_AND_DISK）是可选的，POS 算法中 persist 操作中的 Level StorageLevel 设置为 MEMORY_AND_DISK。

步骤 3：对特征进行分组。函数 choice Initial Feature（c）被调用来选择初始特征并将结果保存在列表 fm 中。choice InitialF 中的参数 c 表示分类特征组的数量。FG 函数被调用来处理特征分组，结果存储在列表 gmap 中。

步骤 4：检测异常值。最后，OS 函数决定每组中每个对象的离群得分；分数保存在 cmap 列表中，最后检测到的离群数据对象由 lastmap 存放。

算法 3.5 描述了 POS 算法中 main 函数的伪代码。

算法 3.5　main 函数

```
1:Input:Data set DS(n objects × m features),RDD built from DS,
the number k of data objects to detect,the number c of feature
groups;
2:Output:k outliers;
3:function main(args:Array[String])
4:  val conf = new SparkConf().setAppName("POS Application");
5:  val sc = new SparkContext(conf);
6:  val data = sc.textFile("hdfs://SparkMaster:9000/input/
input.txt");
7:  val len:Double = data.count();
8:  val dimension:Int = data.first().split(',').length;
9:  val datapre = data.map(lines => lines.split(',')).Per-
sist(StorageLevel.MEMORY_AND_DISK);
```

```
10:    val fm = Choice Initial Feature(c);
11:    val gmap = FG(fm);
12:    var lastmap:Map[Int,Double] = Map();
13:    for(k < - 0 until c)
14:      val cmap = OS(datapre,gmap(k));
15:      lastmap = lastmap + +cmap;
16:    end for
17:    lastmap.take(k).toSeq.sortBy(._2);
18:    sc.stop();
19:end function
```

3.5　POS 的性能调优

性能调优的首要目标是根据 Spark 作业中的特定业务和应用程序场景来进行性能优化，这一目标是通过灵活配置 Spark 系统参数来实现的。

3.5.1　RDD 缓存

通常，Spark 作业通过基于数据源（如 HDFS 文件）创建初始 RDD 开始执行。然后，对这个 RDD 执行操作，以构造下一个 RDD，Spark job 反复执行这样的过程，直到得到想要的结果。在此过程中，通过不同的操作（如 map 和 reduce）将多个 RDD 串联在一起；每个数据只应该创建一个 RDD，不需要创建多个 RDD 表示相同的数据。缓存 RDD 以便多次访问，从而避免磁盘 I/O 的数量。使用持久化或缓存方法后，Spark 作业可以缓存要重复用到的 RDD。

POS 算法计算并缓存一个名为 datapre 的基本 RDD。后续任务将访问 datapre 作为后续计算的输入。通过使用 RDD 缓存，提高了 Spark 上 POS 的效率，实验部分展示了对 RDD 缓存的分析。

3.5.2　参数调优

在 Spark 集群上运行 POS 之后，通过配置适当的资源来优化 POS 性能。通过在 Spark-submit 命令中设置输入参数来配置资源。Spark 通过调整运行的应用程序中的参数来优化资源使用效率，从而提高性能。

POS 算法对以下资源参数进行了调整：

①num-executors：这个参数表示 Spark 应用程序中管理的执行器进程的数量。该参数的默认值一般很小，这会减慢 Spark 工作的速度。该参数通常设置为 50 和 100 之间的值。

②executor-memory：此参数指定每个执行程序进程的内存资源。在许多情况下，执行器内存大小直接决定 Spark 应用程序的性能。在实验中，POS 将每个执行程序的主存设置在 4 G 和 8 G 之间。

③executor-cores：该参数配置的是每个执行程序进程并行执行线程的能力，也就是每个执行程序进程的 CPU 内核数。CPU 内核的数量设置为 2~4。

④driver-memory：该参数配置分配给应用程序驱动进程的主内存资源。在整个实验中，一直使用驱动程序内存的默认值，即 1 GB。

⑤spark. default. parallelism：实验中在 500 和 1000 之间对这个参数进行调优，该参数配置的是每个阶段的默认任务的数量，这个参数的设置会直接影响 Spark 作业性能。

当应用程序场景发生动态变化时，应相应地调整上述参数的配置。更具体地说，当 POS 的输入数据大小发生变化时，建议对这些参数进行调整。

3.6　实验分析

在配备了 24 个节点的 Spark 集群中实现并验证 POS 算法，每个节点都有一个 Intel 处理器（即 E5-1620 v2 系列 3.7 GHz），4 芯 16 GB RAM。主节点硬盘配置为 500 GB；其他节点的磁盘容量是 2 TB。通过千兆以太网连接 Spark 集群的数据节点；使用 SSH 协议保证节点之间的通信。在 Spark 的 standalone 模式下实现了 POS 算法，在 POS 实现中使用的编程语言是 Scala，它是一种在 Java 虚拟机（JVM）上运行的函数式面向对象语言；Scala 无缝集成了现有的 Java 程序。程序开发环境使用集成 IntelliJ IDEA，软件配置如表 3.2 所示。

表 3.2　Spark 集群中的软件配置

名称	版本
Operating system	Centos 6.4
Java JDK	JDK-1.7.0－80

续表

名称	版本
Hadoop	Hadoop-2. 6. 0
Scala	Scala-2. 10. 4
Spark	Spark-1. 6. 0
Development Environment	IntelliJ IDEA-IC-141. 3058

3.6.1　数据集

POS 使用人工合成数据和现实世界的 UCI 分类数据集来进行性能评估。表 3.3 描述了 POS 离群挖掘算法所使用的数据集。

表 3.3　POS 算法所用数据集

数据集	类型	大小/MB	数据对象数量	维数
Data1	Synthetic	4×10^3	1×10^8	80
Data2	Synthetic	8×10^3	2×10^8	80
Data3	Synthetic	16×10^3	4×10^8	80
Data4	Synthetic	24×10^3	6×10^8	80
Data5	Synthetic	32×10^3	8×10^8	80
Mushroom	Real （UCI）	0. 365	3551	22
Chess	Real （UCI）	0. 235	1699	36
Connect-4	Real （UCI）	5. 692	24 916	42
Breast-Cancer	Real （UCI）	0. 119	451	9
Splice	Real （UCI）	0. 305	1677	61

整个实验中使用的所有真实数据集都是从 UCI 机器学习库中提取的。测试数据集包括 Mushroom、Chess、Connect-4、Breast-Cancer 和 Splice。具体来说，从小类中删除一部分数据对象，使数据集中大约 2% 的对象成为异常值。

人工数据集通过以下步骤生成。首先使用 GAClust 创建一个相对较小的数据集。然后不断复制第一步中创建的数据集以扩大数据集的大小。合成数据集有 80 个特征；这些数据集的大小分别为 4 GB、8 GB、16 GB、24 GB和 32 GB，分别命名为 Data1 ~ Data5。使用人工合成数据集可以定量地评估POS 算法的可扩展性和可伸缩性。

3.6.2　伪分布环境下的挖掘性能

（1）挖掘精度

通过与其他 3 种现有分类数据离群检测算法（AVF[87]、ITB[53] 和SADC[89]）的比较，评估 POS 处理 UCI 数据集的离群挖掘精度。离群检测的准确性以检测到的离群值的数目与数据集本来的离群数据的数目之比来衡量，其结果如表 3.4 所示。

表 3.4　离群检测算法在 UCI 数据集上的精度比较

UCI 数据集	k	POS 算法	AVF 算法	SADC 算法	ITB 算法
Mushroom	63	85%	45%	57%	35%
Chess	31	83%	57%	55%	32%
Connect-4	443	72%	36%	72%	13%
Breast-Cancer	7	85%	57%	85%	29%
Splice	22	91%	23%	45%	23%

表 3.4 显示，无论真实数据集如何，POS 算法相比其他 3 种算法检测精度都有所提高。例如，在 5 个数据集中，POS 的挖掘准确率比 AVF 算法分别提高了 40%、26%、36%、28% 和 68%。同样，在这 5 个数据集中，POS的准确率分别比 ITB 算法高出 50%、51%、59%、56% 和 70%。POS 对Mushroom、Chess 和 Splice 数据集的挖掘准确率比 SADC 算法分别提高了28%、28% 和 46%。然而，对于 Connect-4 和 Breast-Cancer 数据集，没有观察到 POS 比 SADC 有改善。

（2）挖掘效率

POS 是一个并行算法，表 3.5 显示了在伪分布环境下 POS 与它的串行算法的比较结果。并行算法 POS 在所有情况下都优于串行方法。

表 3.5　UCI 数据集中的运行时间比较（以秒为单位）

UCI 数据集	串行算法	并行（POS）
Mushroom	27. 35	13. 14
Chess	22. 5	20. 84
Connect-4	591. 92	44. 64
Breast-Cancer	6. 48	5. 12
Splice	43. 67	41. 76

图 3.4 描述了 POS 与它的串行算法的运行时间比。对于名为 Connect-4 的最大数据集来说，这一点尤其引人注目，因为 2 种算法的时间比达到了 13. 26。这表明，数据集越大，POS 的效率越显著。

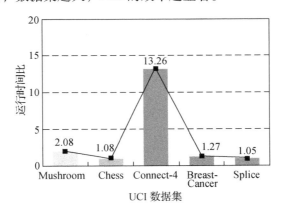

图 3.4　POS 与它的串行算法的运行时间比

（3）离群数据数量的影响

在这组实验中，通过测试 5 个 UCI 数据集来衡量离群数据数量对 POS 准确性和效率的影响。

从图 3.5a 可以看出，增加离群数据数量的比例对精度性能有不利影响。这种性能下降表明，增加离群数据数量的比例提高了挖掘难度。尤其还观察到一些数据集（如 Connect-4）比另外的数据集（如 Breast-Cancer）对离群数据的数量更敏感。例如，给定数据集 Connect-4，当 POS 离群数据的数量比例设置分别为 2% 和 4% 时，挖掘准确率分别是 72% 和 53%。当遇到 Breast-Cancer 数据集，POS 的挖掘准确率分别为 85% 和 78%。

比较 2 种离群数据数量设置比例在 UCI 数据集中的情况，可以观察到执行时间并没有明显的差异（图 3.5b）。实验结果表明，POS 的效率对离群数据数量不敏感。这样的结果是因为 POS 算法检测离群数据的时间和输入数据的大小有关，而和检测到的离群数据的数量无关。

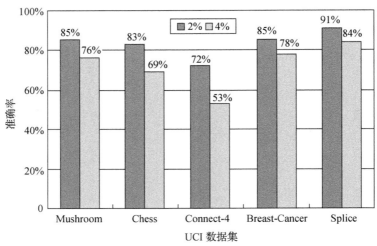

a 离群数据数量对准确率的影响

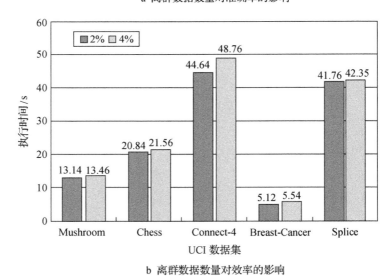

b 离群数据数量对效率的影响

图 3.5　离群数据数量比例分别设置为 2% 和 4% 时对 POS 的影响

3.6.3　RDD 缓存的影响

为了验证 RDD 缓存对应用程序执行效率的影响，进行以下实验比较。实验给出了在没有缓存的情况下 POS 的执行时间。表 3.6 显示了 RDD 缓存与不缓存的实验结果。

表 3.6　RDD 缓存的影响

数据集	运行时间（缓存）	运行时间（不缓存）
Data1	700 s	4534 s
Data2	1260 s	18 615 s

从实验结果可以看出，在缓存 datapreRDD 和不缓存 datapreRDD 的情况下，应用程序的运行时间有很大的不同。一旦 datapreRDD 被缓存，就可以直接从缓存中读取数据，从而获得非常高的速度。这也充分证明了 Spark 在数据密集型计算中具有相当重要的现实意义。

3.6.4　特征组的数量对算法的影响

通过数字 c 从 2 变化到 $m/2$ 评估 POS 的执行时间。数字 c 的实验设置请参考文献 [21]。值得注意的是，数字 c 表示 POS 中的特征组的数量，m 表示数据集中的特征数。在 Connect-4 数据集上运行 POS，其中 m 值为 42。

从图 3.6 可以看出，当 Connect-4 数据集中的特征组数从 2 变化到 21 时，POS 的执行时间逐渐攀升。增加特征组的数量意味着 POS 不得不花费越来越多的时间来计算并行挖掘过程中特征组的对象之间的离群得分。但

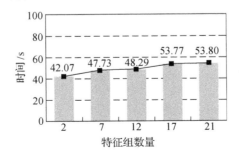

图 3.6　特征组数量的影响

是，由于 POS 算法大部分挖掘时间都花在特征关系 FR 计算上，而不是离群
得分上，所以随着特征组数量的增加，总体挖掘时间略微增加，影响不大。

3.6.5 算法的可扩展性

本组实验使用各种不同大小和维度的合成数据集在 Spark 集群上运行
POS。实验评估了当被测数据集的维度和数据集大小持续增长时 POS 的可扩
展性。更重要的目标是评估 POS 在处理大数据时的表现。计算节点数分别
设置为 4、8、16 和 24。

（1）数据集大小的影响

从图 3.7a 可以看出，随着数据集大小从 4 GB 增加到 32 GB，POS 的执
行时间总体上呈快速增长趋势。这种趋势是可以预见的，因为处理更大的数
据集需要更多的时间。另外，从图 3.7a 可以看出，集群中计算节点数量的
增加导致算法执行时间的减少，这是由于计算能力增加了。

图 3.7b 引入了一个称为时间比的度量标准将图 3.7a 中的结果标准化。
我们选择 4 GB 数据集的 POS 运行时间作为基线，即 4 GB 数据的时间设置
为 1。数据集的时间比计算为该数据集的处理时间与基线之间的比值。

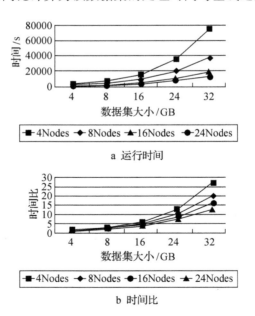

a 运行时间

b 时间比

图 3.7　数据集大小对 POS 的影响

图 3.7b 描述了在不同数目的计算节点上处理 5 个数据集的 POS 执行时间比。从图 3.7b 可以看出，当计算节点数量相对较小时，POS 的执行时间对数据集大小比较敏感。例如，在一个 4 节点集群中，当数据集大小从 4 GB 增加到 32 GB 时，POS 的执行时间比扩大到最高比例 26.78；当计算节点数设置为 24 时，时间比变为 13.01。这种时间比的比较表明，在大型集群上进行离群挖掘是缩短大型数据集处理时间的一种实用方法。

（2）维度的影响

图 3.8a 显示了当维数从 40 逐渐增加到 200 时的计算性能趋势。可以观察到，由于 POS 算法需要计算任意一对特征之间的特征关系 FR，因此随着维数的增加，挖掘速度会减慢。保持数据集维数不变，扩展计算节点的数量可以显著缩短挖掘时间。这种趋势是因为增加计算节点的数量会加速 FR 的计算。

图 3.8b 描述了不同维度下 POS 执行时间的时间比。选择 40 个维度的数据集的运行时间作为基线。同样可以观察到，当计算节点数量相对较少时，执行时间对维度更加敏感。例如，在一个 4 节点 Spark 集群中，当维度

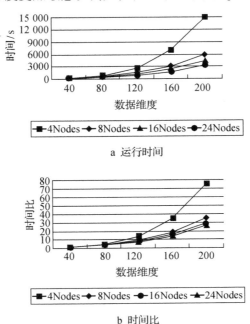

a 运行时间

b 时间比

图 3.8　数据集维度对 POS 的影响

数量从 40 增加到 200 时，执行时间增加到最高的比例 75；然而在 24 节点集群上时间比下降到 26.5。实验结果表明，对于大型集群而言，POS 算法能够加快高维数据的离群挖掘。

3.6.6　算法的可伸缩性

现在通过增加计算节点的数量（分别设置为 4、8、16 和 24）来评估 POS 的可伸缩性。将数据集设置为不同的大小（分别为 4 GB、8 GB、16 GB、24 GB 和 32 GB）对 POS 算法的可伸缩性和加速比进行分析。

图 3.9a 显示了 Spark 集群中不同的计算节点数量对挖掘离群值时间的影响。由图 3.9a 可以看出，随着计算节点数量的增加，POS 的执行时间明显减少。大数据集（如 32 GB）的下降趋势非常明显。当数据集很小（如 4 GB）时，集群扩展性能提高很微弱。结果表明，POS 是一种对大数据集具有高扩展性的并行离群挖掘方法。

图 3.9b 展示了计算节点数量对系统加速的影响。从图 3.9b 可以看出，对于大多数数据集来说，POS 的加速比接近线性。例如，在 32 GB 的情况下，POS 的加速性能几乎呈线性。这些实验结果表明，并行挖掘算法能够保

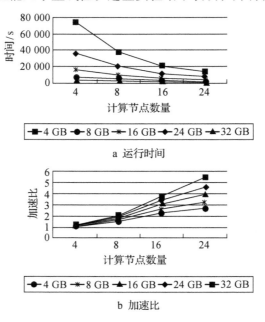

a　运行时间

b　加速比

图 3.9　POS 的可扩展性分析

持大的高维分类数据集的高挖掘性能。

　　上述 POS 算法的可伸缩性归功于 2 个因素：首先，离群值挖掘时间在很大程度上取决于任意 2 个特征之间的 FR 计算，这种 FR 计算时间与分配给节点的数据对象数量成正比；其次，所有计算节点都独立地并行计算。

3.7　本章小结

　　本章提出了一种基于 Spark 的并行离群挖掘算法 POS，解决了高维分类数据集中的并行离群挖掘问题。POS 算法实现了 2 个模块的计算。第一个模块通过测量特征之间的相关性来创建特征组。这个模块将具有相关性的特征放在一个组中。第二个模块通过为数据对象分配离群得分来进行离群检测。在一个 24 节点的 Spark 集群上使用合成数据集和真实世界的高维分类数据集对 POS 算法进行了验证。大量的实验表明，POS 算法在可扩展性和可伸缩性方面表现出了很高的性能，POS 的特征分组模块通过特征相关性将特征进行分组，显著提高了离群挖掘的准确率。最后讨论了 POS 算法中一些最基本的性能调优。性能调优是高性能 Spark 工作的基础，Spark 作业的执行速度会受到性能调优的影响，因此要对 Spark 作业合理地进行调优。Spark 性能调优实际上是由很多部分组成的，以后还需要对 Spark 工作进行全面的分析，然后对多个方面进行调整和优化以获得最佳的性能。

第4章 基于互信息的混合属性
加权离群挖掘算法

本章提出了一种基于互信息的混合属性离群检测方法。首先，该算法利用互信息给出了混合属性数据的属性加权机制，能够更加客观地度量属性的重要性。其次，分别定义了数值型数据、分类型数据及混合属性数据的离群得分，并进行了规范化处理，能够更准确地度量数据对象之间的相似性。最后，在不同类型的 UCI 数据集上，实验验证了算法的有效性。

4.1 引言

离群检测是在数据中发现不符合预期行为的模式，为用户深入分析和理解数据提供支持。离群值在很多情况下隐含着重要的信息。近年来，离群检测被广泛应用于信用卡、保险和医疗等领域的欺诈检测[79]、网络安全的入侵检测[80]、健康系统的故障检测[81]等。但目前大部分离群检测算法针对的是数值型或分类型的单一类型数据。在实际应用中，当面对混合属性数据时，通常采用离散化方法将数值属性转换为分类属性。这些操作都可能带来信息损失，因此会影响检测性能。目前，关于混合属性数据离群检测算法的参考文献还比较少，许多问题仍有待解决。

通常离群检测算法都要计算数据对象的离群得分。为了计算混合属性数据的离群得分，目前很多文献 [61–62] 大都分别计算数据对象数值空间和分类空间上的离群得分，然后得出混合属性数据的最终离群得分。但是数值空间和分类空间离群得分的计算通常采用不同的度量机制，存在量纲不同的问题。因此，需要综合计算数值空间和分类空间并归一化，以更适合进行综合对比评价。

本章主要解决混合属性数据的离群检测问题，通过互信息对属性间的相关性进行计算和分析，提出了基于互信息的混合属性加权离群检测算法。由于很多属性加权离群检测方法只针对单一类型数据，在混合属性数据应用中很局限。本章所提出的算法首先在互信息机制下给出了针对混合属性统一的属性加权方法；其次为了更客观地度量混合属性数据中数据对象之间的相似度，其范围也被统一到了 [0，1]；最后在不同类型数据集上验证了所提出算法的有效性。

4.2　相关工作

许多情况下，分类数据和数值数据作为不同的属性存在于同一个数据集中，这被称为混合属性数据集[58]。在混合属性数据集中，离群点的属性值不管在数值空间还是分类空间中都明显与其他对象不一致。在实际应用中，当面对混合属性数据时，通常将数值属性离散化，将所有数据按分类数据进行处理，使分类离群点检测算法适用于整个数据集。然而，正如文献 [59] 所指出的，将数值离散化可能会带来噪声或信息损失。不适当的离散化会影响检测性能。为了解决这一问题，很多研究提出了在混合属性空间中处理离群值的方法。

ZHANG 等[59] 提出了一种基于模式的离群点检测方法 POD，该算法定义了模式来描述数据对象及捕捉不同类型属性之间的交互。一个对象越偏离这些模式，它的离群值就越高。该算法使用逻辑回归来学习模式。然后使用这些模式来估计具有混合属性的对象的离群值。得分最高的前 n 个点被声明为离群值。需要注意的是，POD 不能直接处理分类值。为了检测目标模式，首先将分类属性映射为二进制属性，然后将这些二进制属性与原始的连续属性一起分析，以检测混合属性空间中的异常值。

OTEY 等[51] 提出了基于频繁项集概念的方法。具体地说，算法为每个点分配一个离群值，该离群值与它的不频繁项集成反比，而且还为每个项目集维护一个协方差矩阵，以计算连续属性空间中的异常分数。如果一个点包含很少出现的分类集，或者它的连续值与协方差冲突阈值不同，那么这个点很可能是一个离群点。值得注意的是，此方法是针对混合属性数据的第一个离群点检测算法。

文献 [61] 提出了名为 ODMAD 的混合属性数据集的离群点检测方法。该算法首先对范畴空间中的每个点计算一个离群值，该离群值依赖于该点中包含的不经常出现的子集。得分值小于用户输入频率阈值的数据点是孤立的，因为它们包含非常罕见的分类值，因此可能对应于异常值。这个过程产生了一个简化的数据集，在此基础上，使用余弦相似度度量来计算数值空间的其他离群值。由于最小余弦相似度为 0，最大相似度为 1，相似度接近 0 的数据点更有可能是离群点。实验表明 ODMAD 方法速度更快，且性能优于文献 [51] 提出的方法。

BOUGUESSA 等[62] 提出了一种基于双变量混合模型的原则方法用来识别混合属性数据中的离群数据，该方法能够自动地进行离群数据对象和正常数据对象的区分，既适用于混合型属性，也适用于单类型（数值型或分类型）属性数据，不需要进行任何特征变换。

为了缓解这些问题，本章提出了一种针对混合属性数据集的离群检测算法，该算法采用互信息计算属性间的相关性来对不同类型的属性进行加权计算，给出了混合属性数据的属性加权方法，对不同类型属性的相似性度量范围也进行了标准化处理，而且还对混合属性空间的离群得分进行了综合计算。

4.3 基于互信息的混合属性相关性度量及加权机制

4.3.1 互信息计算

离散变量的互信息计算详见第二章 2.3.2 小节。为了计算连续变量的互信息，必须先对随机变量的概率分布进行估计。Parzen 窗口估计法可以用已知的样本对总体样本的概率密度进行估计，该方法是一种非参数估计方法。概率密度函数可以用 Parzen 窗口估计法来进行估计[98]。

假设一个数据集 $X = \{x_1, x_2, \cdots, x_n\}$ 由 n 个数据对象和 m 个属性组成，该密度函数的估计为：

$$\hat{p}(x) = \frac{1}{n} \sum_{i=1}^{n} \delta(x - x_i, h), \qquad (4.1)$$

其中，$\delta(\cdot)$ 为 Parzen 窗口函数；h 为窗口宽度。Parzen 证明了通过选择合理的 $\delta(\cdot)$ 和 h，$\hat{p}(x)$ 随着 n 的增加能够收敛于真实的密度函数 $p(x)$。在实际计算中，通常选择 Gaussian 窗口函数，即

$$\delta(z) = \frac{1}{(2\pi)^{\frac{m}{2}} h^m |\boldsymbol{\Sigma}|^{\frac{1}{2}}} \exp\left(-\frac{z\boldsymbol{\Sigma}^{-1}z}{2h^2}\right), \qquad (4.2)$$

其中，m 为数据集的维度；$z = x - x_i$，$\boldsymbol{\Sigma}$ 为 z 的协方差矩阵；窗口宽度的经

验值为：

$$h = \left(\frac{4}{m+2} \right)^{\frac{1}{m+4}} n^{-\frac{1}{m+4}}。 \tag{4.3}$$

对于 2 个连续随机变量，取维度 $m = 2$，再利用公式（4.1）、公式（4.2），就可以估计 2 个连续变量的互信息。

4.3.2　混合属性加权机制

给定一个混合属性数据集 O，$O = \{o_1, o_2, \cdots, o_n\}$ 代表数据集的 n 个数据对象。数据集的属性集合 Y 由 y_1^r，y_2^r，$\cdots$，y_p^r，y_{p+1}^r，$\cdots$，y_m^c 共 m 个属性组成。其中，数值型属性有 p 个，分别为 y_1^r，y_2^r，$\cdots$，y_p^r，分类型属性有 $m-p$ 个，分别为 y_{p+1}^c，$\cdots$，y_m^c。分类型属性 y_j^c（$p+1 \leqslant j \leqslant m$）的值域可以表示为 $D(y_j^c) = \{v_{j1}, \cdots, v_{jd_j}\}$，其中 d_j 表示分类型属性 y_j^c 中值域的数量。

混合属性数据集中的对象 $o_i \in O$ 可以用一个 m 维向量来表示，即 $o_i = (o_i^r, o_i^c)$，其中 $o_i^r = (o_{i_1}^r, o_{i_2}^r, \cdots, o_{i_p}^r)$，$o_i^c = (o_{i_{p+1}}^c, o_{i_{p+2}}^c, \cdots, o_{i_m}^c)$。

互信息是对 2 个随机变量之间共享的信息量的度量。在现实世界中，互信息作为一种有效的度量机制，常被用来检测 2 个属性之间的相关性。已经广泛应用在特征分组[99]、特征选择[100]、聚类[101]、分类[102]、离群点检测[103]等领域。

对于任一属性 y_j，其属性权值度量定义为该属性到其他属性的互信息的平均值。公式定义如下：

$$W(y_j) = \frac{\sum_{i=1, i \neq j}^{m} MI(y_j : y_i)}{m-1}。 \tag{4.4}$$

由公式可以得出，一个属性到其他属性的互信息平均值越大，表明该属性和其他属性之间的相关性越大，该属性的重要性也就越大，权值就高；反之，某个属性到其他属性的互信息平均值取值越小，表明该属性和其他属性之间的相关性越小，该属性的重要性也就越小，相应的权值就小。

4.4　基于互信息的混合属性加权离群检测算法

混合属性离群检测的任务是通过检测数据对象每个属性维度的离群得分来判别数据对象是否离群。在本节中，首先计算每个数据对象在数值空间中的一个离群得分，然后在分类空间计算另一个离群得分。每个混合属性数据对象的最终离群得分由前面得到的两部分综合计算而来，如图 4.1 所示。

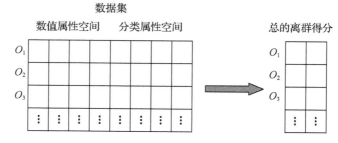

图 4.1　总的离群得分示意

4.4.1　数值空间离群得分

人们普遍认为离群值是与其余数据对象明显不同的数据点。通常情况下，离群对象的大多数属性值都与正常数据对象的属性值相差很远。为了检测数据对象的离群程度，在数值空间中，使用 k 近邻计算数据对象在各个维度的离群程度。

给定一个单维数据对象 o_{ij}，即对象 o_i 在属性 y_j 上的值，其 k 近邻定义为 $knn(o_{ij})$，o_{ij} 的离群得分定义为 $Score_n(o_{ij})$，具体如下：

$$Score_n(o_{ij}) = \sum_{l=1}^{k} \left[d(o_{ij}, knn_l(o_{ij})) \right]^2 \text{。} \tag{4.5}$$

其中，k 近邻计算时，查询对象同其他对象之间的距离作为判断依据，其中最小的 k 个距离值对应的数据对象是当前查询对象的 k 个最近邻居，这里距离的计算采用欧氏距离。k 近邻的计算需要多次计算两两数据对象之间的距离，但在我们的算法中是对数据对象具体某一维上的近邻计算。对于具体的某个维，$knn_l(o_{ij})$ 表示 o_{ij} 的第 l 个最近的一维邻域，d 表示 2 个数值一维数据对象之间的距离。在我们的例子中，这个距离只是对应于特定维度的 2 个数值属性值之间的差值的绝对值。算法 4.1 具体描述了这一计算的执行步骤。

算法 4.1　计算 KNN 的执行步骤

```
1:Input:Data set DS(n objects × m features),data object oᵢⱼ;
```

```
2:Output:knn(o_{ij});
3:for(l=1;l<=n;l++)
4:    Compute the distance of object o_{ij} and object o_{lj};
5:end for
6:Sort the objects o_{lj}(1<l<=k) in ascending order of dis-
tance;
7:Select the k objects with the smallest distance.
```

基于混合属性的考虑，首先推导出一个将离群得分转换为可比较的、标准化的值甚至概率值的通用框架。将离群得分引入到标准化尺度的最简单方法是应用线性变换，使发生的最小（最大）值映射到 $[0, 1]$。

$$Norm_S(o) = \frac{S(o) - S_{\min}}{S_{\max} - S_{\min}}。 \qquad (4.6)$$

4.4.2　分类空间离群得分

事实上，正如之前的研究所指出的那样，分类属性空间中的离群对象是那些与正常数据对象相比在所有维度上具有罕见属性值。这意味着离群对象在每个维度的属性值在分类属性空间上也是罕见的，而正常数据对象在分类属性空间所有维度上出现的频率更高。基于这样的一个理论，一个数据对象 o_i 在分类属性 y_j 的离群得分形式化定义如下：

$$Score_c(o_{ij}) = 1 - \frac{freq(o_{ij})}{n}, \qquad (4.7)$$

其中，$freq(o_{ij})$ 是数据对象 o_i 在分类属性 y_j 上出现的频率。

4.4.3　混合属性加权离群检测算法

基于公式（4.4）、（4.5）、（4.6）和（4.7），任一混合属性数据对象的加权离群得分 $Score(o_i)$ 定义为：

$$Score(o_i) = \sum_{j=1}^{p} W(y_j) Score_n(o_{ij}) + \sum_{j=p+1}^{m} W(y_j) Score_c(o_{ij})。 \qquad (4.8)$$

由公式（4.8）可知，在互信息机制下给出了针对混合属性数据统一的加权离群得分计算方法，而且不同类型属性下的离群得分的范围都在 $[0, 1]$。

$O = \{o_1, o_2, \cdots, o_n\}$ 是一个混合属性数据集，计算混合属性数据对象的离群得分，主要包括以下几个步骤。首先，分别计算数据集数值空间和分类空间中各个属性的权值。然后根据公式（4.5）和（4.6）计算数据对象 o_i 数值空间中每个属性上的离群得分 $Score_n(o_{ij})$，根据（4.7）计算分类空间中每个属性的离群得分 $Score_c(o_{ij})$。最后通过公式（4.8）计算数据对象 o_i 在整个混合属性空间上的离群得分 $Score(o_i)$，并选出离群得分最高的 r 个离群数据对象。算法4.2描述了基于互信息的混合属性数据加权离群检测算法的具体执行步骤。

算法4.2　基于互信息的离群检测算法

```
1:Input:Data set DS(n objects × m features),the number of nu-
merical attributes p,the number of requested outliers r;
2:Output:outlier set OS;
3:for(j =1;j < =p;j + +)
4:    Compute the weightₙ of attribute yⱼ;
5:end for
6:for(j =p +1;j < =m;j + +)
7:    Compute the weight_c of attribute yⱼ;
8:end for
9:for(i =1;i < =n;i + +)
10:    for(j =1;j < =p;j + +)
11:        Compute Scoreₙ for object oᵢⱼ;
12:    end for
13:    for(j =p +1;j < =m;j + +)
14:        Compute Score_c for object oᵢⱼ;
15:    end for
16:    Compute Total Score for object oᵢ;
17:end for
18:Build OS by searching for the r objects with greatest Score.
```

4.5　实验结果与分析

本节实验的目的是为了评估处理混合属性离群检测算法的有效性，使用

Java 实现了我们的方法和其他比较算法。在英特尔酷睿 i7-4713MQ CPU@ 2.3 GHz 处理器和 4 GB 内存的工作站上对算法进行了评估。实验所使用数据均来自 UCI 数据集，分别选取了数值型、分类型和混合型 3 种不同类型的数据集进行了测试。为了获得用于离群检测的数据集，将每个数据集中离群值的数量大约设置为原始数据集大小的 2%，由于知道测试数据集中每个对象所属的真实类，所以将小类中的对象定义为异常对象。为了保持数据集的不平衡性，参照文献［88－89］的实验技术，删除了一些小类中的数据对象。所有数据集都是用同样的策略构建的，实验中使用的数据集汇总在表 4.1 中。

表 4.1 列出了实验所用的 10 个数据集信息描述，其中包括 4 个混合型数据集、3 个数值型数据集和 3 个分类型数据集。

表 4.1　UCI 数据集描述

UCI 数据集	数值属性数量	分类属性数量	数据对象数量	离群对象数量
Abalone	7	1	4098	79
CMC	2	7	1160	21
Dermatology	1	33	353	7
German Credit	7	13	715	15
Ionosphere	34	0	235	5
Yeast	8	0	1105	20
Isolet	617	0	4048	80
Mushroom	0	22	3551	63
Chess	0	36	1699	31
Connect-4	0	42	44 916	443

为了对离群检测的有效性进行评价，本章参照文献［51］所采用的离群检测率（Detection Rate）和假阳性率（False Positive Rate）2 个评价指标对离群检测结果进行评价。离群检测率反映了正确检测的离群点的数量，假阳性率是错误地将正常点检测为离群点的数目占正常点总数目的比例。

4.5.1　混合属性数据离群检测分析

本节实验的目的是为了评估处理混合属性数据中离群检测方法的有效性。将我们的方法的性能与 ODMAD 算法[51] 相比较，ODMAD 方法是混合属性空间中检测异常值的经典方法。

　　本章提出的算法和 ODMAD 算法在混合属性数据集的离群检测结果如表 4.2 所示。从表中可以看到，我们的方法在所有被检测的数据集中获得了较高的离群检测率和较低的假阳性率。实际上，该方法的平均检测率为 83.6%，假阳性率为 0.33%。而 ODMAD 的平均检测率为 80.5%，假阳性率为 0.39%。总体而言，本文所提出的方法优于 ODMAD 算法。

表 4.2　混合属性数据集的离群检测结果

混合属性数据集	离群检测率		假阳性率	
	Proposed	ODMAD	Proposed	ODMAD
Abalone	81%	79.9%	0.37%	0.39%
CMC	80.9%	76.2%	0.35%	0.44%
Dermatology	85.7%	85.7%	0.29%	0.29%
German Credit	86.6%	80%	0.29%	0.43%
Avg	83.6%	80.5%	0.33%	0.39%

　　混合属性数据集的离群检测运行时间如表 4.3 所示，从表中可以看出本章所提出的方法离群检测运行时间也要快得多。例如，ODMAD 算法在 56.8 秒完成了对 Abalone 数据集的检测，而我们的算法在 29.73 秒内就处理了相同的任务。我们认为这主要是因为 ODMAD 算法需要查看单个分类值及其连续对应值的平均值。

表 4.3　混合属性数据集的离群检测运行时间（以秒为单位）

混合属性数据集	Proposed	ODMAD
Abalone	29.73	56.8
CMC	2.01	2.62
Dermatology	0.87	1.14
German Credit	2.62	3.21

　　综上所述，混合属性离群检测的实验结果表明，本章所提出的方法在 4 个不同的混合属性数据集上表现良好。此外，我们的方法还能够处理单类型（数值型或分类型）属性数据中的异常值，而不需要进行任何特征转换。接下来将使用仅具有数值属性或分类属性的 UCI 实际数据集进行实验验证。

4.5.2　数值型数据离群检测分析

本节所述的实验旨在说明所提出的方法在检测数值型数据中的异常值方面的能力。当数据只包含数值型属性时，每个对象的离群得分按照公式（4.5）和公式（4.6）进行计算。为了评估处理数值型数据中离群检测方法的有效性，将提出的方法与 KNNW 算法[104]相比较，KNNW 方法是应用较广的数值型属性空间中检测异常值的方法。离群检测的结果及运行时间的比较如表 4.4 和表 4.5 所示。

表 4.4　数值型数据离群检测结果

数值属性数据集	离群检测率		假阳性率	
	Proposed	KNNW	Proposed	KNNW
Ionosphere	80.00%	80.00%	0.43%	0.43%
Yeast	85.00%	90.00%	0.27%	0.18%
Isolet	93.70%	91.20%	0.17%	0.13%
Avg	87.07%	86.23%	0.25%	0.29%

表 4.5　数值型数据检测时间（以秒为单位）

数值属性数据集	Proposed	KNNW
Ionosphere	3.03	3.74
Yeast	2.25	2.93
Isolet	194.61	225.89

数值型数据的离群检测中，本章提出的方法和 KNNW 算法相比，只在 Isolet 数据集上有优势；Yeast 数据集上检测率不如 KNNW 算法；而 Ionosphere 数据集上检测率相同。可以看出，在数值型数据中，本章算法优势不足，只是平均检测率高了 0.84%。相对应的假阳性率也只是相差 0.04%。另外，2 个算法在检测时间上的差距也不明显。这是因为本章算法和 KNNW 算法都是基于 k 近邻进行相似性度量的。

4.5.3　分类型数据离群检测分析

本小节的目的是验证所提出的方法是否适合处理只有分类型属性数据集

中的异常值。当数据只包含分类型属性时，每个数据对象的离群得分按照公式（4.7）进行计算。由于本章提出的混合属性离群检测算法在针对只有分类型属性检测离群值时，和前面第二章的 WATCH 算法的差别只是少了特征分组的计算，离群检测的过程是一样的。因此，本实验中针对分类型数据将本章算法与第二章用到的分类算法 AVF[87] 和 GA[88] 进行了比较。

通过对 3 个分类型 UCI 数据集进行实验测试，本章算法及其比较算法的离群检测结果及运行时间如表 4.6 和表 4.7 所示。表 4.6 表明，对于 AVF 算法，本章算法在 Mushroom、Chess 和 Connect-4 这 3 个分类型数据集的检测率分别提高了 42.9%、25.8% 和 35.9%。同样地，对于 GA 算法分别提高了 39.7%、51.6% 和 39.1%。而平均检测率比 AVF 算法和 GA 算法高出很多，假阳性率比 2 个比较算法也低很多。

表 4.6 分类型数据离群检测结果

分类属性数据集	离群检测率			假阳性率		
	Proposed	AVF	GA	Proposed	AVF	GA
Mushroom	87.3%	44.4%	47.6%	0.23%	1.0%	0.95%
Chess	83.8%	58%	32.2%	0.30%	0.78%	1.26%
Connect-4	72%	36.1%	32.9%	0.28%	0.62%	0.67%
Avg	81.03%	46.17%	37.57%	0.27%	0.80%	0.96%

表 4.7 实验结果表明，本章算法和 AVF 算法处理时间相差不大，但比 GA 算法处理时间高出很多，主要因为 GA 算法每检测一个离群值都要扫描一次数据集，比较费时。本小节实验验证了所提出的算法适用于分类型数据集的离群检测。

表 4.7 分类型数据处理时间（以秒为单位）

UCI 数据集	Proposed	AVF	GA
Mushroom	10.75	10.09	88.16
Chess	3.80	3.56	31.11
Connect-4	147.02	168.31	689.20

4.6　本章小结

目前大部分离群检测算法针对的是数值型或分类型的单一类型数据，而在实际应用中存在很多混合属性数据，通常采用离散化方法将数值属性转换为分类属性，或者将分类属性转换为数值属性。这些操作都可能带来信息损失，因此会影响检测性能。本章提出了基于互信息的混合属性离群检测方法，首先利用互信息给出了混合数据的属性加权机制，其次定义了混合属性数据的离群得分，并进行了规范化处理。此外，该方法还能够处理单类型（数值型或分类型）属性数据中的异常值，而不需要进行任何特征转换。最后在不同类型 UCI 数据集上验证了算法的有效性。

第 5 章　基于 Spark 的并行互信息计算及其性能优化

互信息可以有效地度量属性之间的相关性，其应用非常广泛，如特征分组、特征加权等。然而为了计算互信息，需要计算 2 个变量的熵及其联合熵，导致了大量的复杂运算，因而无法适应于大数据分析。本章提出了一种基于 Spark 计算平台的大规模数据的互信息计算方法——MiCS（Mutual information Computing based on Spark）。MiCS 算法首先采用一种列变换方案，解决了离散变量互信息计算中大量的特征对重复计算的问题。其次为了提高MiCS 的效率和 Spark 集群资源的利用率，采用了虚拟分区方案来实现负载均衡，缓解了 Spark Shuffle 过程中的数据倾斜问题。

5.1　引言

互信息是对 2 个随机变量之间共享的信息量的度量。在现实世界中，互信息计算常被用来检测 2 个属性之间的相关性。互信息计算具有广泛的应用，如特征分组[99]、特征选择[100]、聚类[101]、分类[102]、离群点检测[103]等。由于互信息计算量特别大[105]，互信息的计算过程成了许多应用程序的瓶颈。尤其在单机上运行互信息计算[106-108]更是由于计算资源和存储资源的限制，导致性能下降。因此，加快数据的互信息计算是现代数据处理的迫切需求。

随着大数据时代的到来，数据量以惊人的速度增长。大数据应用的出现给数据处理带来了巨大的挑战。因此，大规模的数据处理已成为近年来人们关注的焦点。越来越多的高效并行计算平台被广泛用于大数据分析与处理领域，Spark 是其中之一。Spark 可以运行在 Hadoop 的数据源上，并且很好地融入 Hadoop 生态系统。与 MapReduce 编程模型相比，Spark 并行框架将计算结果缓存在主存中，提高了迭代操作之间共享数据的能力，减少了磁盘操作的数量；Spark 中的所有数据操作都由弹性分布式数据集 RDD 提供支持；

Spark 使用事件驱动库启动任务，提高通信效率，同时保持较低的任务调度开销。

本章提出了一个并行互计算方法 MiCS，用于在 Apache Spark 平台上实现大规模分类数据的离散变量互信息计算。MiCS 的总体目标是缓解大规模数据离散变量互信息计算的性能问题。在面对大规模数据时，对于互信息计算，按列处理显然比按行处理更易于管理。MiCS 通过应用列变换将原始数据集分割为特征子集进行计算。另外，互信息计算中不均匀的数据分布会引起数据倾斜，从而导致集群工作负载的不平衡。在数据分布不均匀的情况下，由于分配给不同分区的数据量不平衡，执行时间会变慢。数据倾斜不仅抑制了 MiCS 的性能，而且降低了集群资源的利用率。MiCS 采用一种虚拟分区方案，实现在 Spark 上运行程序的负载均衡。

5.2　相关工作

5.2.1　互信息及其并行化

互信息是信息论中对 2 个随机变量关联程度的统计描述，可以表示为这 2 个随机变量概率的函数。从观测样本中估计互信息是其最基本的操作[109]，在一些机器学习任务[110-111]、数据挖掘任务[112-113]和独立性测试[114]中都很常见。现在，互信息被用作特征之间冗余的度量，以及评估每个特征相关性的依赖性度量[112]等。TODOROV 等[113]设计了一种基于熵的方法来计算相关度量，该算法允许在真实数据上对变量子集进行操作。YU 等[115]引入模糊信息熵和模糊互信息来计算数值或模糊特征与决策之间的关联。HU 等[116]提出了一种基于邻域互信息的离散特征与连续特征相关性度量方法。

随着大数据时代的到来，为了提高互信息计算的效率，也提出了多种有效的并行互信息计算方法。文献［117］针对大规模多处理体系结构提出了一种新的高效并行互信息计算方法 sort and count。文献［118］提出了一种计算图像配准互信息的并行计算方法。ADINETZ 等[119]提出了多 GPU 图像配准互信息度量的计算方法。然而这些并行计算方法大多是基于 GPU 和多核处理器的。不同于前面提到的这些并行互信息计算方法，随着 Spark 并行平台的出现，本章提出的 MiCS 算法是在 Spark 平台上并行计算互信息的，并将并行互信息计算应用于分类数据的特征分组。

5.2.2　性能优化

为了提高互信息计算的效率，Spark 内存计算模型是最好的选择，但要面对 Spark 数据倾斜的性能优化问题。针对 Spark 中的数据倾斜，近年来提出了很多算法和模型。例如，SCID 算法[69]设计了一种 Pond-sampling 算法来收集数据分布信息，并对总体数据分布进行估计。在数据划分过程中，SCID 算法实现了 Bin-packing 算法对 Map 任务的输出进行桶状处理。此外，在分区过程中，还会进一步切割大型分区。SP-Partitioner 算法[70]将到达的批次数据作为候选样本，在系统抽样的基础上选择样本，预测中间数据的特征。该方法根据预测结果生成参考表，指导下一批数据的均匀分布。文献[71]优化了笛卡儿算子。由于计算笛卡儿积需要连接操作，因此可能会出现数据倾斜。文献[72]提出了 SASM（Spark Adaptive Skew Mitigation）算法，该算法通过将大分区迁移到其他节点，同时平衡各任务之间的大小，来缓解数据倾斜问题。与这些现有的方法不同，MiCS 算法采用了数据虚拟划分，确保消除了大分区。

5.3　并行互信息计算及性能优化

5.3.1　列变换

在本小节中，根据特征变量的特点和计算任务的资源需求，提出了一种基于列的变换方法。MiCS 中的列变换模块尽量减少互信息计算引起的单特征值频率和特征对值频率的计算。一旦数据被转换，它们就可以被缓存并在随后的循环中重复使用。列变换过程如图 5.1 所示。

首先，根据特征的自然独立性，将原始数据集 DS 划分为若干特征子集。其次，针对迭代过程中重复使用互信息计算的问题，采用 2 个变长数组保存计算互信息的单特征值频率和特征对值频率的结果。假设数据集 DS 的大小为 n，每个数据对象中有 m 个特征。$y_1 \sim y_m$ 是 DS 的特征，根据计算任务的不同，将 DS 划分为不同的特征子集。每个特征子集形成一个独立于其他特征子集的 RDD 对象。

此外，为了解决互信息的重复计算问题，单一特征值和特征对值的频率计算分别缓存到 singleCol 和 doubleCol 的变长数组，然后广播给所有从节点。

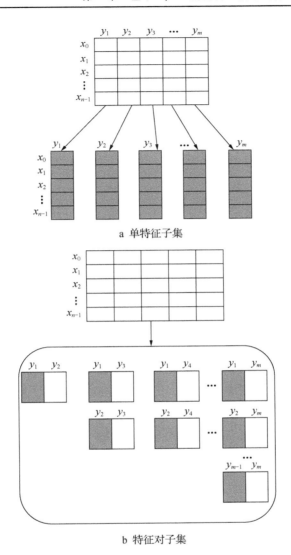

a　单特征子集

b　特征对子集

图 5.1　列变换过程

接下来，计算任务在特征分组过程中从 singleCol 和 doubleCol 数组中加载相应的数据，从而有效地重复使用了单特征和特征对数据。由于 2 个特征之间的互信息值相同，因此 $MI(y_i; y_j)$ 和 $MI(y_j; y_i)$ 的值相同。在计算特征对值出现频率的过程中，每个特征对只需要计算一次，如表 5.2 所示。表 5.1 和表 5.2 举例说明了 MiCS 的变长数组 singleCol 和 doubleCol。

表 5.1　MiCS 的变长数组 singleCol 举例

Indexes	1	2	3	4	5	⋯
value	$(a, 10)$	$(c, 35)$	$(f, 23)$	$(d, 65)$	$(e, 76)$	⋯

表 5.2　MiCS 的变长数组 doubleCol 举例

Indexes	1	2	3	4	5	⋯
1		$((a,c),8)$	$((a,b),13)$	$((c,f),65)$	$((d,e),76)$	⋯
2			$((e,f),12)$	$((m,d),34)$	$((n,e),24)$	⋯
3				$((a,b),87)$	$((z,n),19)$	⋯
4					$((b,c),92)$	⋯
5						⋯
⋮						⋮

5.3.2　数据倾斜

在 Spark shuffle 阶段，Spark 必须将相同的键从每个节点拉到节点上的任务中，这样的过程可能会给单个节点带来沉重的负载。此时，如果某个键对应的数据量特别大，就会出现数据倾斜。

图 5.2 描述了分区 2 总体上比分区 1 和 3 大。由于输入数据分布不均匀，使用系统的默认哈希分区可能导致子 RDD 中每个分区的大小存在较大差异，从而导致数据倾斜。当遇到数据倾斜问题时，整个 Spark 作业的执行时间由运行时间最长的任务控制，这使得 Spark 作业运行得相当慢。在最坏的情况下，由于最慢的任务处理了过多的数据，Spark 作业可能耗尽内存。

（1）数据倾斜模型

接下来建立一个数据倾斜模型来量化由 Spark 创建的分区之间的数据倾斜度引起的问题。图 5.2 描述了 Spark 集群中默认的哈希分布机制，该机制执行以下 3 个步骤。首先，Map 任务检索输入数据。然后，这些数据由 Map 任务处理，Map 任务生成以键值对格式组织的中间结果。最后，使用键将中间结果分组到分区中。最后一步中遇到的一个问题是数据倾斜导致这些分区的大小不均匀。

假设根据键值聚合数据时有 p 个唯一的键值，设表示键值集合，$K =$

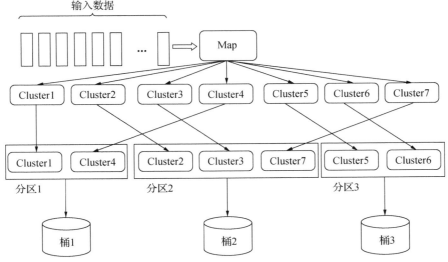

图 5.2　**Spark Shuffle** 数据分布

$\{k_1, \cdots, k_p\}$。V 表示集合 K 中所有键的值。

$$V = \{\underbrace{v_{11}, \cdots, v_{1l_1}}_{\mathrm{dom}(k_1)}, \cdots, \underbrace{v_{i1}, \cdots, v_{il_i}}_{\mathrm{dom}(k_i)}, \cdots, \underbrace{v_{p1}, \cdots, v_{pl_p}}_{\mathrm{dom}(k_p)}, \cdots\}, \tag{5.1}$$

式中的 $\mathrm{dom}(k_i)$ 表示键 k_i 的域。假设有 p 个分区，每个分区中的值共享一个键。值得注意的是，所有分区的大小可能不同。例如，第 i 个和第 j 个分区的大小分别为 l_i 和 l_j。这 2 个分区的大小可能不同（即 $l_i \neq l_j$）。因此 $\mathrm{dom}(k_i) = \{v_{i1}, \cdots, v_{il_i}\}, i \in 1, \cdots, p$。

现在使用域 $\mathrm{dom}(k_i)$ 的大小来度量键 k_i 所对应的分区 i 的大小，它的形式是 $|\mathrm{dom}(k_i)|$。平均分区大小由 $|\mathrm{dom}(K)|_{avg}$ 表示，$|\mathrm{dom}(K)|_{avg}$ 由平均域大小来衡量，具体如下表示：

$$|\mathrm{dom}(K)|_{avg} = \frac{\sum_{i=1}^{p} |\mathrm{dom}(k_i)|}{p} = \frac{\sum_{i=1}^{p} \sum_{j=1}^{l_i} v_{ij}}{p}, \tag{5.2}$$

分区之间的数据倾斜度定义为分区大小的偏差（即 $|\mathrm{dom}(k_i)|$）。设 (k_i) 为第 i 个分区或域 $\mathrm{dom}(k_i)$ 的倾斜度。在形式上，域 $\mathrm{dom}(k_i)$ 的倾斜度 $s(k_i)$ 如下表示：

$$s(k_i) = \frac{|\mathrm{dom}(k_i)|}{|\mathrm{dom}(K)|_{avg}} = \frac{p \sum_{j=1}^{l_i} v_{ij}}{\sum_{i=1}^{p} \sum_{j=1}^{i} v_{ij}}。 \tag{5.3}$$

（2）虚拟分区

聚合操作符是 Spark Shuffle 阶段的性能瓶颈。并行计算互信息的一个关键在于 countByKey 或 reduceByKey 操作，它引入了包含 2 个 stage 的 shuffle。在 shuffle 过程中，第一阶段执行 shuffle write 操作分区数据。具有相同键的已处理数据被写入相同的磁盘文件。

一旦 countByKey 或 reduceByKey 操作执行，第二阶段中的每个任务都会执行 shuffle read 操作。执行此操作的任务提取属于前一阶段任务节点的键，然后对同一键执行全局聚合或连接操作。在这个场景中，键值被累积。如果数据分布不均匀，就会发生数据倾斜。

虚拟分区是一种针对 shuffle 操作（如 reduceByKey）可能引起数据倾斜而进行的机制。为了减少 shuffle 操作中的数据倾斜，MiCS 算法只在统计单个特征的取值时进行虚拟分区，因为特征对的取值不容易发生数据倾斜。图 5.3 描述了虚拟分区的过程。

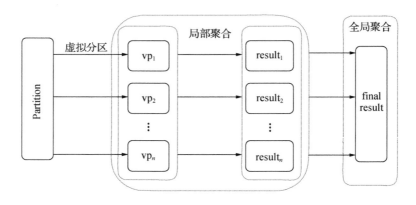

图 5.3　虚拟分区过程

在这里，首先为 RDD 中的每个键添加一个随机前缀，然后是 reduceByKey 聚合。通过向同一个键添加随机前缀并将其更改为几个不同的键，一个任务最初处理的数据被分散到多个任务中，以便进行本地聚合。这种策略减少了单个任务处理的过量数据。删除每个键的前缀后，再次执行全局聚合操作以获得最终结果。

5.4　MiCS 算法的具体实现

5.4.1　列变换及虚拟划分策略

算法 5.1　列变换及虚拟划分策略

```
1:Input:Data set DS(n objects × m features),RDD datapre built
from DS;
2:Output:two arrays of single feature value and feature pair
value;
3:val doubleCol =new Array[ArrayBuffer[Map[(String,String),
Long]]](dimension);
4:for(m < -0 until dimension)
5:  for(n < -0 until dimension)
6:    doubleCol(m)(n) + = datapre:map(x = >((x(m);x(n));1)).
countByKey():toMap;
7:  end for
8:end for
9:val singlecol = ArrayBuffer[Map[String,Long]]();
10:for(k < -0 until dimension)
11:  singleCol + = datapre. map(
12:  val random:Random = new Random();
13:  val prefix:Int = random. nextInt(10);
14:  prefix + " - " + x(k),1). reduceByKey(_ + _). map(line = >
(line. -1. split("_")(1),line. _2)). reduceByKey(_ + _).collec-
tAsMap(). toMap;
15:end for
```

　　列变换主要负责将原始数据集 *DS* 转换为若干特征子集，主要由以下基本步骤完成：首先，使用关键字 val 定义一个可变长数组 doubleCol 用于存放特征对的计算结果。其次，使用 map 映射操作将 RDD 数据 datapre 转换为键值对的形式，即 $pair((x(m);x(n));1)$。值得注意的是，$(x(m);x(n))$ 是

特征对 m 和 n 的取值；1 表示特征对的值出现一次，并且记录每一对特征对取值的整体出现情况。最后，使用关键字 val 定义另一个可变长数组 singleCol 用于存放单个特征的计算结果，由于在计算单特征值时容易出现数据倾斜，为了缓解数据倾斜问题，最后需要对单个特征的取值进行虚拟划分。

5.4.2　互信息计算

　　互信息计算过程利用单特征值和特征对值的频率计算特征对的互信息。由算法 5.1 得到的 2 个数组 singleCol 和 doubleCol 作为算法 5.2 的输入。算法 5.2 开始计算特征对之间的互信息，首先定义 2 个函数 pr_1 和 pr_2，pr_1 计算任何单个特征值出现的概率，pr_2 计算任何特征对值出现的概率。其次，从输入中得到特征对的列号（如 $(y_1; y_2)$），t_1 从 doubleCol 中提取特征对 $(y_1; y_2)$ 的所有值，t_2 和 t_3 分别从 singleCol 中提取与单个特征 y_1 和 y_2 对应的所有值。最后计算 3 个概率，再计算互信息并返回互信息值 MI。下面的算法 5.2 给出了计算互信息（MI）的伪代码。

算法 5.2　计算互信息的伪代码

```
1:Input:Data set DS(n objects × m features),arrays of sin-
gleCol and doubleCol,column number of two features;
2:Output:MI between a pair of features;
3:function pr₁(t:Map[String,Long],k:String):Double
4:    var p1:Double = 0;
5:    for(i < -t:keys)
6:      if(i.equals(k))
7:        p₁ = t(i)/n;
8:      end if
9:    end for
10:end function
11: function pr₂ (t: Map[(String, String), Long], k (String,
String)):Double
12:    var p₂:Double = 0;
13:    for(i < -t:keys)
14:      if(i.equals(k))
```

```
15:          p₂ = t(i)/n;
16:        end if
17:      end for
18:end function
19:function CalculateMI(y₁:Int;y₂:Int):Double
20:      val t₁ = doubleCol(y₁)(y₂);
21:      val t₂ = singleCol(y₁);
22:      val t₃ = singleCol(y₂);
23:      var MI:Double = 0;
24:      for(i < -t₁:keys)
25:        val p₁ = pr₂(t₁,i);
26:        val p₂ = pr₁(t₂,i._1);
27:        val p₃ = pr₁(t₃,i._2);
28:        MI + = pr₂* Math.log(p₁/(p₂* p₃));
29:      end for
30:      return MI;
31:end function
```

5.5　实验与分析

MiCS 算法在一个配备了 24 个节点的 Spark 集群中实现并验证，每个节点都有一个 Intel 处理器（即 E5-1620 v2 系列 3.7 GHz），4 芯 16 GB RAM。主节点硬盘配置为 500 GB；其他节点的磁盘容量是 2 TB。集群中的所有数据节点都通过千兆以太网连接；使用 SSH 协议保证节点之间的通信。在 Spark 的 standalone 模式下实现了 MiCS 算法。在 MiCS 算法实现中使用的编程语言是 Scala，这是一种在 Java 虚拟机（JVM）上运行的函数式面向对象语言，Scala 无缝集成了现有的 Java 程序。最后利用集成开发环境 IntelliJ IDEA 开发了 MiCS 算法。

5.5.1　应用背景

基于 Spark 的互信息并行计算主要用来执行一些计算量大的应用。这里使用互信息作为相似性度量来度量特征变量之间的相关性，以用于特征分组。相似性是定量测量 2 个特征之间相关性强弱的度量指标。特征分组的目的是将一组高度相关的特征放到一个组中。特征分组是数据挖掘中一种很常用的算法，特征分组的具体描述详见第二章。

5.5.2 数据集

实验使用的人工合成数据集和真实数据集的特征如表 5.3 所示。

表 5.3 人工合成数据集和真实数据集

数据集	类型	数据对象数量	维数
uniform（8 GB）	Synthetic	2×10^8	100
uniform（16 GB）	Synthetic	4×10^8	100
uniform（24 GB）	Synthetic	6×10^8	100
uniform（32 GB）	Synthetic	8×10^8	100
normal（16 GB）	Synthetic	4×10^8	100
normal（24 GB）	Synthetic	6×10^8	100
normal（32 GB）	Synthetic	8×10^8	100
normal（32 GB）	Synthetic	8×10^8	100
Connect-4	Real（UCI）	44 916	42
Mushroom	Real（UCI）	3551	22
Chess	Real（UCI）	1699	36
Breast-Cancer	Real（UCI）	451	9
Splice	Real（UCI）	1677	61

所有实际测试的数据集，包括 Connect-4、Mushroom、Chess、Breast-cancer 和 Splice，都来自 UCI 数据集。为了更好地评估 MiCS 算法，还构造了 2 种类型的合成数据集：均匀分布数据集和正态分布数据集。所有的合成数据集都在以下步骤中生成。首先，使用随机数据生成器生成一个相对较小的数据集。然后，复制上一步生成的数据集以生成数据大小分别 8 GB、16 GB、24 GB 和 32 GB 的各种数据集。这些合成数据集的维度为 100。

5.5.3　列变换对 MiCS 的影响

这组实验评估了列变换对 MiCS 效率的影响。图 5.4 显示了在单个节点上运行 MiCS 的结果。图 5.4 显示，无论数据集如何，列变换都优化了 MiCS 的性能，尤其对于 Connect-4 数据集。当遇到 Connect-4 数据集时，列变换使特征分组的性能提高了 14.14 倍。而且可以看到，效率的提高随着数据集的大小而变化。数据集越大，效率提高越明显。

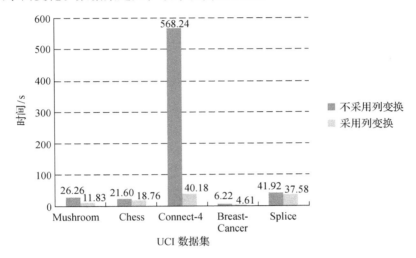

图 5.4　UCI 数据集上 MiCS 的处理时间

5.5.4　虚拟分区对 MiCS 的影响

DEFH 是使用最广泛的哈希算法，是 Spark 中的一种默认机制。通过对 MiCS 算法和 DEFH 算法的比较来验证虚拟划分对 MiCS 算法的影响。

（1）不同数据大小下的执行时间

图 5.5 所示为 MiCS 和 DEFH 算法处理不同数据大小的均匀分布数据和正态分布数据所使用的运行时间。分别将数据大小设置为 8 GB、16 GB、24 GB 和 32 GB。计算节点的数量配置为 24 个。

由图 5.5a 可以看出，在均匀分布的数据集中，由于虚拟分区的副作用，MiCS 算法的运行时间比 DEFH 稍长。然而，从图 5.5b 可以看出，对于正态分布数据，MiCS 算法优于 DEFH 算法。这是可以预期的结果，因为正态分布数据集包含倾斜的数据，加入虚拟分区的 MiCS 算法可以很好地处理数据倾斜。另外，从图5.5a和图5.5b还可以看出，增加数据量会导致所有算法的运行时间增加。也就是说，处理数据的规模越大，所需要的时间越长。

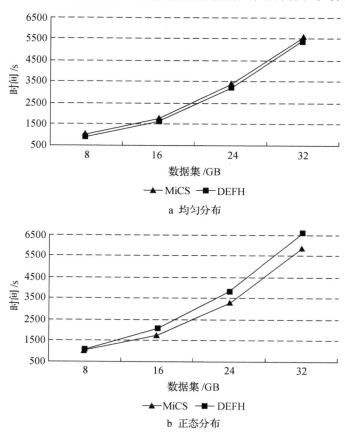

图5.5 不同数据大小下均匀分布和正态分布数据的执行时间

（2）不同计算节点下的执行时间

图5.6展示了 MiCS 算法和 DEFH 算法在不同数量的计算节点上处理均匀分布数据和正态分布数据所使用的时间。节点的数量分别配置为4、8、16 和 24，数据大小设置为 8 GB。

图5.6a 显示，由于虚拟分区的开销，MiCS 算法在均匀分布数据中的运行时间要比 DEFH 的运行时间长。这一趋势与图5.5a 所示一致。图5.6b 显示，在有数据倾斜的正态分布数据的情况下，MiCS 算法的性能要明显优于 DEFH 算法。MiCS 算法性能改进归功于虚拟分区，它有效地缓解了数据的

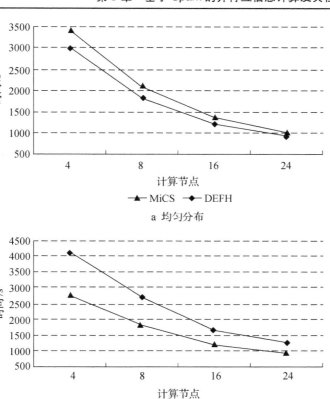

a　均匀分布

b　正态分布

图 5.6　不同数量计算节点下均匀分布和正态分布数据的执行时间

倾斜。同样，这些结果和图 5.5b 所描述是一致的。另外，从图 5.6a 和图 5.6b 还可以看出，随着计算节点数量的不断增加，2 个算法的运行时间都有所减少，这主要是因为集群计算能力的不断增加。

（3）数据倾斜度的影响

由于均匀分布数据中几乎不会发生数据倾斜，因此选择正态分布数据集进行数据倾斜度影响的实验。从处理时间的角度对数据倾斜度的影响进行了评价，如图 5.7 所示。

图 5.7 显示了不同数据倾斜度下 MiCS 和 DEFH 算法的处理时间，倾斜度从 1 到 3 不等，增量为 0.5。从图中可以观察到，MiCS 的处理时间对数据倾斜度的敏感性小于 DEFH 算法。例如，当倾斜度从 1.5 提高到 3 时，MiCS

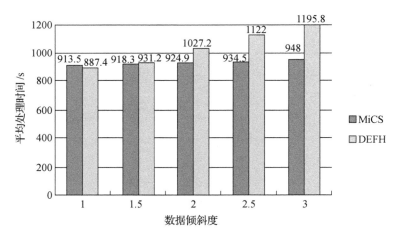

图 5.7 数据倾斜度对 MiCS 和 DEFH 处理时间的影响

和 DEFH 的处理时间分别增加了 7.2% 和 28.4% 。实验结果表明，MiCS 算法利用数据虚拟分区有效地缓解了数据倾斜带来的性能问题。因此，在不平衡数据集中，MiCS 算法优于 Spark 默认的 DEFH 算法。在较高的数据倾斜度下，MiCS 算法对数据倾斜的改善更为显著。

（4）Shuffling-Cost 分析

通过改变计算节点的数量来比较 MiCS 算法和 DEFH 算法的 Shuffling-Cost 成本。以节点的 shuffle-write-size 作为对算法的 Shuffling-Cost 进行监控。以正态分布数据集（8G）为例，图 5.8 是 2 个算法 Shuffling-Cost 对比图。

显而易见，所有测试用例中 MiCS 算法的 shuffle-write-size 都明显小于

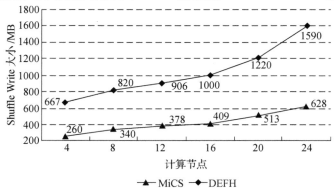

图 5.8 不同数量计算节点上的 MiCS 和 DEFH 的 Shuffling-Cost

DEFH 算法。更重要的是，随着计算节点数量的不断增加，2 种解决方案之间的 shuffle-write-size 差距也在扩大。DEFH 算法依赖于 Spark 的默认哈希分区，导致任务频繁地跨多个节点访问数据。例如，当节点数量从 4 个更改为 24 个时，MiCS 算法的 shuffle-write-size 与 DEFH 算法不同的是，MiCS 算法利用了数据虚拟划分技术来减少 Spark 环境中的数据传输量。因此，MiCS 的 shuffle-write-size 仅仅从 260.0 MB 到 628.0 MB。就 shuffling-cost 而言，这比 DEFH 的情况要好得多。

（5）可扩展性分析

在这组实验中通过增加计算节点的数量（分别设置为 4、8、16 和 24）和调节数据集大小（分别为 8 GB、16 GB、24 GB 和 32 GB），对 MiCS 算法进行可扩展性分析，评估 MiCS 算法在集群系统中处理大规模数据的能力，如图 5.9 所示。

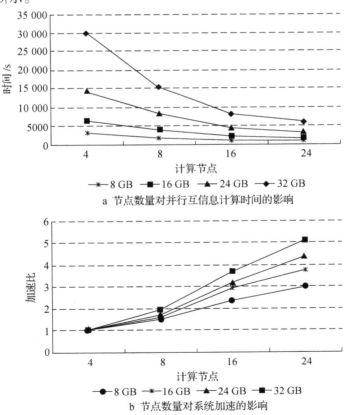

a 节点数量对并行互信息计算时间的影响

b 节点数量对系统加速的影响

图 5.9　MiCS 的可扩展性分析

图 5.9a 显示了 Spark 集群中节点数量对并行互信息计算时间的影响。由图 5.9a 可以看出，随着计算节点数量的增加，MiCS 算法的执行时间明显减少。大数据集（如 32 GB）的下降趋势非常明显。当数据集很小（例如 4 GB）时，集群扩展性能提高很微弱。实验结果表明，MiCS 算法是一种对大数据集具有高扩展性的并行计算方法。

图 5.9b 展示了计算节点数量对系统加速的影响。从图 5.9b 可以看出，对于大多数数据集来说，MiCS 算法的加速率接近线性。例如，在 32 GB 的情况下，MiCS 的加速性能几乎与线性性能相当。这些结果表明，并行计算算法 MiCS 能够保持大规模高维分类数据集的计算性能。

上述 MiCS 算法的高可扩展性主要归功于以下几个因素。首先，并行互信息计算的时间在很大程度上取决于任意 2 个特征之间的互信息计算，这种互信息计算时间与分配给节点的数据成正比。其次，所有计算节点都独立地并行计算。最后，由于数据虚拟划分，MiCS 在所有节点之间保持了良好的负载平衡性能。

5.6 本章小结

本章在 Spark 集群环境下，提出了一种并行计算互信息算法——MiCS。MiCS 算法的核心是列变换和数据虚拟划分。列变换实现了单特征值和特征对数据的重复使用，有效地解决了大规模分类数据互信息计算量大，复杂度高的问题。而虚拟划分技术缓解了 Spark shuffle 过程中出现的数据倾斜问题。最后采用人工数据集和 UCI 数据集，实验验证了 MiCS 算法在效率、负载均衡及可扩展性等方面都表现出较高性能。

第6章 冷轧辊制造过程离群数据挖掘原型系统

本章以冷轧辊的生产加工过程为应用背景，在详细分析某钢铁集团下属的冷轧辊分厂冷轧辊产品制造过程的复杂性、冷轧辊的典型失效模式及影响冷轧辊生产过程质量因素的基础上，采用上述章节的研究成果，实现了冷轧辊制造过程离群检测原型系统。该原型系统的目的是从合格的冷轧辊产品中检测出具有异常特征的隐性问题，通过详细分析找出造成合格产品出现异常特征的原因，以有效预防冷轧辊产品的质量缺陷。从而可以量化风险，减少浪费及产品返工，为机械产品的质量管理提供决策支持，以提高产品质量与企业的竞争力。

6.1 引言

随着大数据时代的来临，计算机的存储能力越来越强，因此制造企业积累的数据也越来越多，我国也向着制造强国挺进。大数据技术、人工智能、互联网技术的飞速发展使制造业面临严峻的挑战。伴随着海量的、高速增长的工业大数据的到来，制造业迫切需要有效的信息分析工具，它能自动、智能和快速地发现大量数据间隐藏的依赖关系并从中提炼出有用的信息或知识，这就需要借助大数据技术的支持，大数据技术已经成为智能制造的基础关键技术之一。

大数据驱动的智能制造包括很多应用场景[120]，例如预测性制造、服务型制造、虚拟化制造、云制造及自省性制造等。其中预测性制造是指通过大数据分析量化不确定性及发现异常，总的目标是智能制造过程中零故障、零意外等[121]。预测性制造可以发现制造系统存在的隐性问题[122]，包括员工的技术水平、加工设备的类型和精度损失、加工工艺不稳定、检查方法不稳定等。这些隐性问题在不同程度上影响了产品的质量，因此在产品加工过程中需要对可能发生的隐性问题进行分析，以消除不良影响，减少废品和不良产品的比例。然而，如何通过大数据分析有效地发现这些隐性问题呢？大数据挖掘技术是解决这一问题的有效途径。大数据挖掘是可以提取未被人们发现的、潜在的、有价值的知识，其结果对生产过程控制、质量分析和决策分析有着不可忽略的作用。机械产品制造过程具有机制复杂、环境干扰不确定、要求与约束多样性等特点。随着工业大数据时代的来临，其制造过程中的质量控制与诊断问题难以通过传统方法加以解决，而大数据挖掘技术与并行计算的结合正好可以为解决这一问题提供新途径。在机械产品质量分析中引入大数据挖掘技术，通过对产品制造过程产生的数据进行分析，可以发现影响产品质量的隐性问题，弥补由此造成的不良后果，也为现有的机械产品制造过程质量控制与优化提供了新方法。

离群数据挖掘是大数据挖掘的主要任务，它的基本功能是通过算法挖掘出不同于大多数数据对象的异常数据。在冷轧辊加工过程中，通过对离群检测算法发现的异常数据进行分析，可以发现制造过程中可能引起产品质量缺陷的隐性问题。隐性问题积累到一定程度会触发显性问题，影响冷轧辊的使用寿命，甚至成为废品，提高了轧制成本，影响生产及经济效益。离群挖掘最重要的价值在于能够发现产品制造过程中影响产品质量的具有异常特征的隐性问题并对其产生原因进行分析，为后续产品的质量优化做出决策。

某钢铁集团下属的设备制造公司冷轧辊分厂所生产的冷轧辊产品市场占有率很高，而冷轧辊产品由大量的零部件组成，产品的最终质量取决于零部件级的质量。冷轧辊产品市场规模大、用户多、数据多，如何从大量的、彼此间关系错综复杂的加工数据中挖掘影响产品质量的具有异常特征的隐性问题，对提高冷轧辊产品质量具有较强理论和现实意义。本章将数据挖掘中的离群检测算法引入问题研究中，构造了冷轧辊制造过程的离群检测原型系统。该系统主要是针对大量合格的冷轧辊产品制造过程中的加工工序进行离群检测，通过对检测到的异常数据分析及时发现合格产品可能存在的具有异常特征的隐性问题及由此产生的质量缺陷，找出引起这些问题的原因及其对产品质量的影响，为以后冷轧辊加工过程中做出工序参数调整、设备检修、加工人员调配等提供决策依据，从而采取一定的预防措施以减少这些问题的再次发生。

6.2　系统需求与总体设计

6.2.1　冷轧辊制造过程的复杂性

冷轧辊的制造过程包括非常复杂的步骤，例如原材料的选择、冶炼、重熔、铸造、粗加工、热处理、精加工等工艺。生产过程包括连续生产过程和离散制造过程，产品质量受多种质量特性的相互作用和共同影响，是一个典型的涉及多工序的多元质量控制过程[123]。

冷轧辊产品的机加工和热处理工序是产品生产过程中的两类主要工序，其中每道工序还划分为更细的加工工序。而且每道工序还包括很多生产指标，这样就会产生大量的生产加工数据。而且每道加工工序也都会进行质量检验，每道工序的每个生产指标的质量检验结果可以划分成 3 种：合格、异议和废品，异议和废品是指这些轧辊的检验参数不符合设计要求，通过质量检验就能直接检测到的显性问题。而合格是指轧辊检验参数符合设计要求。但是，即使是检验参数都符合要求的合格产品，质量也有高低之分。有的合格产品检验参数可能刚好在合格参数的边界值上，虽然合格，但存在一定的质量隐患，而离群检测就是要找出这些隐患。

冷轧辊产品的生产过程也具有一定的复杂性，涉及来料检验、铸造、锻造、机加工、热处理、装配包装、出厂试验和检验等几大工序。而在每道工序中，都会有不同的检测指标：如半精车工序的检测指标包括总长、辊颈长度、辊身外圆直径和辊颈直径等；半精车复辊号工序的检测指标包括辊号准确度、螺纹深度等；精车平长短工序中的总长、辊颈长度、辊颈直径和沉孔深度等。同时，工序之间也会有影响。冷轧辊产品的具体生产过程如图 6.1 所示。

本章的研究对象是 φ64 冷轧工作辊产品的制造过程，主要是从合格的冷轧辊产品中通过离群检测算法发现异常数据。有些合格产品检验参数都符合要求，但其中个别参数在边界值上，虽然合格，但存在一定的质量隐患，而离群检测就是要找出这些隐患对产品质量的影响。产品质量分析的重要性直接反映在性能、寿命、效率、安全性和经济性等方面，因此对合格产品的加工数据进行离群检测分析，可以发现产品具有异常特征的隐性问题，预测产品质量可能存在的缺陷，加强产品的质量控制。

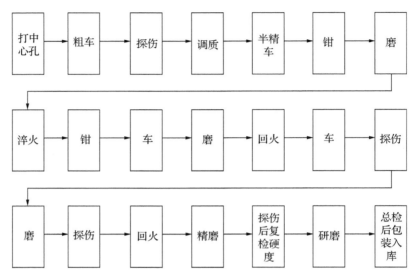

图 6.1 冷轧辊产品生产过程

6.2.2 冷轧辊的失效分析

冷轧辊是钢铁企业冷轧生产中重要的易损部件。在轧钢企业的生产中，冷轧辊的质量与品质非常重要，低质量的冷轧辊产品会在后续的使用过程中不能生产出合格的钢材。因此对冷轧辊的失效模式进行研究非常必要。典型的冷轧辊失效形式主要有 3 种：磨损、剥落和断裂[124-125]。任何一种失效模式都会影响轧辊的使用寿命，直接影响企业的经济效益。

工作辊与轧件之间的摩擦及轧辊与轧辊之间的接触将不可避免地导致轧辊的磨损。事实证明，轧辊磨损是轧辊失效的主要原因之一。轧辊磨损对产品质量控制影响很大，不但会使工作辊的初始辊形遭到破坏，而且影响大型轧制工具的消耗和生产成本，因此，要尽量减少轧辊磨损的产生。

冷轧辊剥落是指辊体表层在内外应力作用下发生局部剥落。造成冷轧辊剥落有很多因素，冷轧辊内部质量不均匀、轧辊应力叠加及轧辊表面裂纹等都会导致冷轧辊剥落。剥落是轧辊损坏甚至早期报废的主要原因。因此，提高冷轧辊产品的质量会大大减少冷轧辊在使用过程中出现剥落。

轧辊失效最致命的形式之一是轧辊断裂，轧辊断裂主要发生在轧辊颈和轧辊表面。造成轧辊断裂的主要原因也是冷轧辊的质量问题，包括冷轧辊辊颈和轧辊表面的硬度不达标、辊颈太细以及轧辊热处理工艺不合格等。

上述表明，任何一种冷轧辊失效模式都会缩短轧辊的使用寿命，并且轧辊失效增加了轧辊消耗，提高了轧制成本，影响生产及经济效益。冷轧辊的磨损失效是产品加工过程中的工序检测精度不良引起的，而冷轧辊的断裂是产品加工过程中某些工序处理不当造成的。因此，通过离群检测算法对冷轧辊加工过程的质量特性及其加工工序进行异常数据挖掘，可能发现具有异常特征的隐性问题，从而能够有效提取有价值的信息，以此预测产品可能存在的质量缺陷，为后续质量改进提供决策，最终可以减少冷轧辊产品的失效。

6.2.3　影响冷轧辊生产过程质量的因素

冷轧辊生产工艺集加工、材料、热处理、控制、计算机等学科的先进技术于一体，具有精度高、生产工艺复杂的特点，大大增加了实现冷轧辊产品高可靠性的难度。本节从人员、机器设备、材料、方法及测量环境等多方面讨论了影响冷轧辊生产过程质量的因素。

生产过程是实现客户的要求和期望，形成产品的重要过程。产品质量在生产过程中是经常变化的，而且影响产品质量的因素繁多杂乱，由生产组织、流程元素和其他综合因素决定，尤其是员工的技术水平、机器的加工类型和精度、检查方法、加工工艺和具体的工作环境等[126-127]。

表 6.1 列出了影响生产过程质量的因素，这些因素不可避免地始终存在于产品的生产过程中。但是，我们可以通过离群检测技术对产品的生产过程中产生的很多生产加工数据和质量检验数据进行分析，找出影响生产过程中质量波动的原因，然后改进以提高产品质量。

表 6.1　影响生产过程质量的因素

因素类别	具体因素
人员	管理者资质及管理体系、操作者资质、检测者资质
机器设备	制造设备、测试设备、安装调试设备
材料	原材料、半成品、配套件等
方法	制造方案、制造工艺、制造计划
测量	测量系统（检查设备、仪器）、检验规范与操作规程、检验计划等
环境	自然制造环境、现场制造环境、制造技术环境和管理环境

对于冷轧辊生产过程，离群检测的基本功能是通过离群检测算法挖掘出产品制造过程中的异常数据，通过分析及时发现产品可能出现的具有异常特征的隐性问题，以及发现冷轧辊制造过程中对准备实施或正在实施的加工、装配、检验等加工工序中的异常值对产品质量造成的影响。找出产生这些隐性问题的原因及其对产品质量的影响，并采取一定的措施预防或减少这些问题的再次发生。将离群检测引入冷轧辊生产的质量分析中，将其生产过程引起的质量缺陷作为结果，通过人、机、料、法、环几个方面来寻找原因，并从各种纷繁复杂的原因中归纳出主要原因进行分析和改进，不仅可以通过分析得到冷轧辊产品制造过程中的缺陷与薄弱环节，发现并解决生产中的不足，同时还可以为以后产品的改进和方案权衡提供依据，进而提高产品质量，增强企业的竞争力。

6.2.4 系统的软件体系结构及功能

本章介绍的冷轧辊制造过程离群检测原型系统主要针对冷轧辊制造过程中的大量数据进行离群检测以发现异常加工数据，对其进行分析可以发现产品制造过程中影响质量的隐性问题，为以后提高产品质量提供决策。冷轧辊制造过程离群检测原型系统主要针对冷轧辊的合格产品数据，而原始数据中包括所有生产的冷轧辊产品，因此首先要从原始数据中删除掉废品和异议产品，这样才能使挖掘出的信息更符合实际要求。

图 6.2 给出了系统的功能模块。该系统主要包括 3 个功能模块：数据预处理、离群检测和质量分析。在离群检测之前，我们需要对从工厂获得的原始数据进行一些预处理，包括数据转换和清理。适当的预处理操作可以保证数据的质量，以适合于特定的离群检测算法。

离群检测是该系统最重要的部分，主要采用前面研究的特征分组离群检测算法和混合属性离群检测算法从预处理后的冷轧辊生产加工数据中挖掘具有异常特征的离群数据，为后面的质量分析模块提供决策支撑。

图 6.3 给出了系统架构，首先读取数据源到 HDFS 文件系统，然后从 HDFS 文件系统中读取文件构建所需要的 RDD 开始执行，Spark 通过 RDD 的一系列转换和动作操作得到最终的结果，最终用户通过接口得到输出。用户真正关心的是数据挖掘的最后结果。结果正确与否，有没有实际的使用价值，需要通过和用户的沟通才能对挖掘结果综合进行评价。

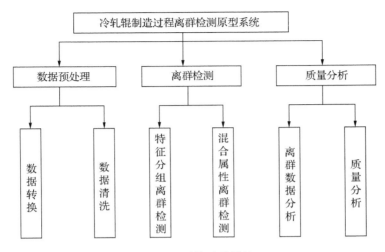

图 6.2　系统功能模块

User Experience
Data Access
Spark 集群系统
RDD 弹性分布式数据集
HDFS 文件系统
Data Source 数据源

图 6.3　系统架构

6.3　数据收集及预处理

6.3.1　数据收集

本文中收集选取的数据，源自钢铁企业的冷轧辊产品的实际生产数据，可以代表国内大部分钢铁企业冷轧辊产品的实际生产情况。

表 6.2 列出了原始数据中一条记录的各个属性及其属性取值。原始数据集共有 48 578 条数据，29 个属性。属性包括辊号、工序编码、工序序号、

工序名称、指标编码、指标名称、检测数值、检测结果、检测人编码1、检测人1、检测人编码2、检测人2、检测设备编码、检测设备、检测日期、检测部门编码、检测部门、检测类型、现象描述、备注说明、直接结论、是否抽检、指标单位、附件编号、工序类型、工艺编码、产品编码、工艺说明和重用标志等项，其中不同的工序有不同的指标和检测数值。

6.3.2 数据预处理

（1）数据转换

表 6.2 中列出了冷轧辊加工过程中收集的 φ64 冷轧工作辊的原始数据，表中的一条记录对应辊号为 A11154469 的轧辊的一个加工工序的某个检测指标的检测数据。本章研究的内容为冷轧辊制造过程离群检测原型系统，需要得到加工一个冷轧辊产品的所有加工工序，根据离群检测的需求，要将一个轧辊的所有加工工序合成到一条记录。原始数据转换后的结果如表 6.3 所示。

（2）数据清洗

在收集到的冷轧辊原始数据中包含冗余数据和噪声数据，不能被直接处理，需要对原始数据进行清洗，以弥补原始数据的不足。数据清洗是将原始数据进行精简，并将数据格式转换成系统可接收格式的过程。数据清洗考虑从数据的有效性、准确性及完整性等来处理数据，包括处理无效值、缺失值、重复值和噪声数据等。

本系统主要做以下的数据清洗工作：①原始数据中包括所有生产的冷轧辊产品数据，而本系统针对的是合格的产品，因此首先要从原始数据中删除掉废品和异议产品。②原始数据中的重用标志、产品编码、工艺编码和工序类型这几个属性的取值完全一样，这些属性值在离群检测的过程中没有意义，因此可以直接忽略；③原始数据中有些工序的检测指标没有具体给出检测值，这些工序可以忽略。例如，超声波探伤、磁粉探伤、粗车探伤、淬火、刻字及冷冻等；④有些冷轧辊产品的工序指标没有具体给出检测值，需要参考其他产品进行分析，填补对应值；⑤有些冷轧辊产品工序指标给出的检测值无效，或者考虑为噪声数据，例如有的一次回火工序辊身硬度指标检测值为 9999，这样的数据应该清除。

表 6.2　冷轧辊原始数据集

属性	辊号	工序编码	工序序号	工序名称	指标编码	指标名称	检测数值	检测结果
记录	A11154469	23041	0701	半精车	3101	总长	1448	合格
属性	检测人编码 1	检测人 1	检测人编码 2	检测人 2	检测设备编码	检测设备	检测日期	检测部门编码
记录	06075	王建文	06075	王建文	31003	卡板	2016 - 3 - 22 下午 02：27：08	233
属性	检测部门	检测类型	现象描述	备注说明	直接结论	是否抽检	指标单位	附件编号
记录	06075	全检			否	是	mm	
属性	工序类型	工艺编码	产品编码	工艺说明	重用标志			
记录	机加工	FR	60158	太钢 φ64 工作辊	否			—

表 6.3　原始数据转换后格式

辊号	半车 - 总长	半车 - 辊颈长度	半车 - 外圆直径	半车 - 辊颈直径	半车 - 中心孔	半车复辊 - 螺纹深度	半车复辊 - 准确度	……	……
A11154469	1448	38	70	63	合格	合格	合格	……	……

6.4　冷轧辊制造过程离群检测及质量分析

　　数据经过预处理，将要进行冷轧辊制造过程离群检测。离群检测可以发现产品加工过程中的异常数据，从而发现产品加工过程中可能存在的影响产品质量的隐性问题。冷轧辊制造过程离群检测原型系统的主界面如图6.4所示。

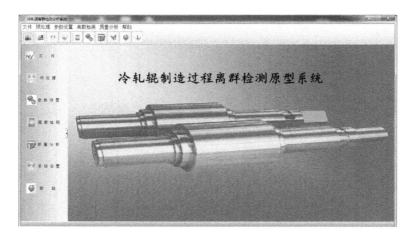

图6.4　冷轧辊制造过程离群检测原型系统的主界面

　　冷轧辊制造过程离群检测原型系统的主要功能包括：加载文件、数据预处理、Spark集群环境参数设置、特征分组离群检测、混合属性离群检测和最后进行的质量分析。离群检测算法主要包括基于特征分组的离群检测和混合属性离群检测。基于特征分组的离群检测算法可以发现不同工序中的离群数据，混合属性离群检测可以对混合属性数据集进行离群检测以从不同方面分析产生异常的原因。

　　数据预处理界面如图6.5所示，首先选择原始数据文件并进行读取，然后通过"开始预处理"对数据进行数据转换和数据清洗，并将处理结果显示出来。选项卡"原始数据集"可以显示原始的数据集，而选项卡"处理后数据集"显示的是对原始数据集进行预处理后的数据集。

　　系统的参数设置界面如图6.6所示。当应用程序场景发生动态变化时，也就是当处理不同的冷轧辊数据时，应当相应地调整上述参数的配置。每个

图 6.5　数据预处理

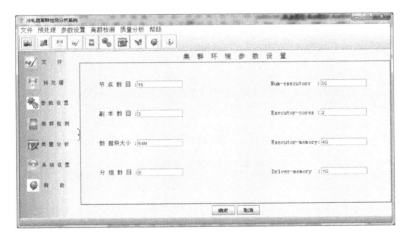

图 6.6　参数设置

参数系统都会给出默认值。Num-executors 这个参数表示 Spark 应用程序中管理的执行器进程的数量。该参数的默认值很小，这会减慢 Spark 工作的速度，该参数通常设置为 50 和 100 之间的值。Executor-cores 参数用于设置每个执行程序进程的 CPU 内核数，该参数确定每个执行程序进程并行执行线程的能力，CPU 核的数量一般设置为 2 ~ 4。Executor-memory 参数指定每个

执行程序进程的内存资源。在许多情况下，执行器内存的大小直接决定
Spark 应用程序的性能，一般将每个执行程序的主存设置在 4 G 和 8 G 之间。
Driver-memory 参数配置分配给应用程序驱动进程的主内存资源。一般情况
下，使用驱动程序内存的默认值 1 GB 作为系统参数。当处理的数据集比较
大的时候，还需要设置数据节点的数目。当处理的数据很重要时，还要注意
数据的备份，这需要增加数据副本的数目和数据块的大小。分组数目是特征
分组要划分的组数。

不同的离群检测算法针对性不同，本文主要研究特征分组离群检测算法
和混合属性离群检测算法。图 6.7 所示是特征分组界面。

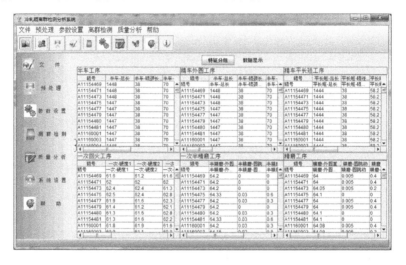

图 6.7 特征分组界面

特征分组离群检测针对的是合格冷轧辊产品在不同加工工序过程中的异
常数据。首先要对预处理后的数据集进行特征分组，将预处理后的数据按照
冷轧辊加工工序进行特征分组，一个特征组代表了冷轧辊产品的一个加工工
序。通过对不同特征组进行离群检测，可以发现合格的冷轧辊产品在不同加
工工序过程中的异常信息，特征分组离群检测结果如图 6.8 所示。

基于图 6.7 所产生的特征组，通过特征分组离群检测，我们能够在每个
特征组中发现具有异常特征的数据，如图 6.8 所示。图 6.8 中第一条数据表
明：辊号为 A11161608、A11160289、A11160377 等的冷轧辊产品在精车外
圆工序特征组中的异常特征是辊颈长度。这就说明在精车外圆加工工序的辊

图 6.8　冷轧辊特征分组离群检测

颈长度指标中出现异常值，即明显不同于被检测数据中的大多数的值。

再以图 6.8 中选中的数据具体说明：辊号为 A11155070 等的冷轧辊产品在一次回火工序特征组中的异常特征是辊身硬度均值，这样的冷轧辊产品可能存在具有异常特征的隐性问题，会造成产品质量存在一定的隐患。通过技术人员的验证发现，虽然轧辊 A11155070 是合格产品，但是产品一次回火工序的辊身硬度均值指标中出现异常值，也就是检测到的冷轧辊的辊身硬度均值偏离了大多数被检测的冷轧辊的检测值。大多数被检测的冷轧辊的一次回火辊身硬度均值范围为 61.8 HS ~ 63 HS，而辊号为 A11155070 的冷轧辊一次回火辊身硬度均值为 63.5 HS，其辊身硬度均值偏高，而轧辊表面的硬度偏高在使用时会造成轧辊断裂，这是该冷轧辊存在的质量隐患。而且轧辊断裂会造成轧辊的报废，严重影响冷轧辊的使用寿命。

通过特征分组离群检测，可以发现产品中具有异常特征的隐性问题，可以为公司技术人员发现存在质量隐患的产品提供决策支持，通过后续的工艺改进，可以提高产品的质量。

图 6.9 所示是混合属性离群检测的结果。特征分组离群检测针对的是特征组中产生的异常数据，而混合属性离群检测针对的是全维特征空间中的所有属性，其中不仅包括异常工序信息及其辊号，而且包括产生异常的轧辊的

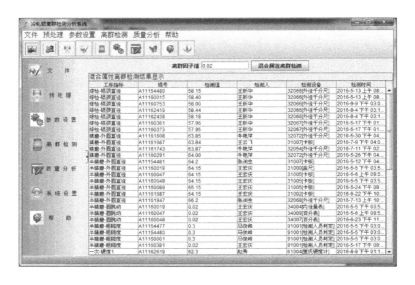

图 6.9 冷轧辊混合属性离群检测

其他相关信息，例如检测值、检测人、检测设备及检测日期等。

从图 6.9 可以看出：①在综合检验工序的辊颈直径检测中，检测人用不同的检测设备进行检测时，得到的检测值有明显的差距，这就说明检测设备的不同，会造成检测结果的偏差。尤其是有些检测设备精度有所下降，就需要检修或更换。②在一次半精磨工序的辊身外圆直径检测中，不同的检测人得到的检测值差距很明显，有的检测人检测所得结果很稳定，而有的检测人得到的检测值明显高于大多数合格产品的检测值，接近检测指标的边界值。这说明不同员工的技术水平差异很大，需要根据实际情况进行选择。③在离群检测的这些异常信息中发现，不同的检测时间也会对产品的检测结果有所影响，这说明了加工的外在环境也会对产品的质量产生影响。生产环境不同，可能会导致产品质量有所差别。

通过对混合属性离群检测得到的不同方面原因引起的异常数据对产品质量产生的影响进行分析，可以从人、机、料、法、环等不同方面发现影响产品质量的具体因素，可以为公司以后产品的质量改善提供决策支持，从而对企业提高产品质量起推动作用。

6.5　本章小结

　　制造企业积累的数据越来越多，制造业迫切需要有效的信息分析工具，它能自动、智能和快速地发现大量数据间隐藏的依赖关系并从中提炼出有用的信息或知识。在机械产品加工生产中，影响产品质量的因素很多。对引起产品质量缺陷产生的原因分析，才能有效提高产品加工的质量。该系统是通过离群挖掘在冷轧辊制造过程中的应用，从制造企业大数据中，挖掘机械产品制造过程中隐藏的、有价值的异常数据，并有效地发现引起产品质量缺陷的具有异常特征的隐性问题，发现产品制造过程中的异常数据，有效分析冷轧辊产品制造过程中可能存在的具有异常特征的隐性问题，以量化风险，达到提高产品质量和降低制造成本，为企业提高产品质量提供有效的决策信息，从而增强企业的市场竞争力。

第 7 章　总结与展望

7.1　总结

随着信息技术、大数据技术和人工智能等新技术的快速发展，制造业进入了智能制造时代。大数据技术是智能制造的基础关键技术，越来越多的制造业选择使用大数据技术分析和解决问题，来提高产品的市场竞争力。本文在 Spark 集群系统环境下，主要研究了大数据离群检测理论、方法及冷轧辊制造过程离群检测，其主要创新点和成果为：

①提出了一种基于特征分组的分类数据离群检测算法——WATCH。算法通过特征间的相关性度量进行特征分组，将一系列特征分为多个组可以从不同方面了解特征模式的差异性。实验验证了 WATCH 算法在精度、效率和可解释性等方面的高效性。

②提出了一种基于特征分组的并行离群挖掘方法——POS，并在 24 节点的 Spark 集群上实现了 POS 算法。采用合成和真实数据集，实验验证了 POS 算法在可扩展性和可伸缩性方面表现出了很高的性能，不仅提高了离群挖掘的效率，而且提高了离群挖掘的准确率。

③提出了基于互信息的混合属性离群检测方法。采用互信息机制，给出了混合数据的属性加权机制；分别定义了数值型数据、分类型数据及混合属性数据的离群得分，并进行了规范化处理，从而能够更客观准确地度量数据对象之间的相似性。

④提出了一种基于 Spark 的互信息并行计算算法——MiCS。该算法首先采用列变换将数据集转换成多个数据子集；然后采用 2 个变长数组缓存中间结果，解决了分类数据特征对间互信息计算量大、重复性强的问题；针对互信息并行计算出现的数据倾斜问题，重新定义了数据倾斜模型，并量化由 Spark 创建的分区之间的数据倾斜度，缓解了 shuffle 过程中出现的数据倾斜，优化了网络性能。

⑤采用上述研究成果，设计并实现了 Spark 集群环境下的冷轧辊制造过程离群检测原型系统。该系统能够有效地从冷轧辊产品加工大数据中挖掘加工过程中存在的隐性问题，发现其可能引起的质量缺陷及其影响。通过对离群检测结果进行分析，可以量化风险，达到减少废料、返工，降低制造成本，从而增强企业的竞争力。

7.2　展望

制造业数据很多，但收集到的数据很局限，本文虽获得一定的成果，但还很不完善。下一步研究工作如下：

①本文提出的离群检测方法可以发现产品加工过程中的离群数据，通过分析找出造成各种误差和遗漏的原因。但是不同的生产线、检测和分析技术也会有差异，因此算法会存在一定的局限性。将离群检测应用于工业大数据中能深入地挖掘有价值的信息，如何实现对离群数据的检测和分析方法不断更新，使产品质量检测更智能化将会非常有意义。

②制造业中的数据来源多样、数据质量低，而且数据蕴含信息复杂，制造企业的大数据需要更多有效的大数据分析技术来获取有价值、有意义的数据。以后会考虑如何将多种数据挖掘技术相互关联并应用于制造业更深更广的领域。

③离群检测作为数据挖掘的一个主要任务，在复杂系统中的应用也越来越广泛，例如多组件的飞机系统。此类系统中的异常检测涉及对各种组件之间的交互进行建模，是下一步研究的一个方向。

④目前，大数据挖掘还面临着许多挑战，例如数据分析的效率、数据可视化等。用户更愿意接受直观的数据分析结果，因此数据分析结果要以更友好、更新颖的形式展现，这也是下一步需要进行的研究工作。

参考文献

［1］ 王国胤，刘群，于洪，等．大数据挖掘及应用［M］.北京：清华大学出版社，2017．

［2］ HAN J W, KAMBER M. 数据挖掘：概念与技术［M］.范明，孟小峰，译.3 版．北京：机械工业出版社，2012．

［3］ 张礼立．从大数据到智能制造［J］.中国工业评论，2016（7）：66 – 71．

［4］ 王建民．工业大数据技术综述［J］.大数据，2017，3（6）：3 – 14．

［5］ WHITE T. Hadoop：The Definitive Guide［M］.O'reilly Media Inc，2012，215（11）：1 – 4．

［6］ DEAN J，GHEMAWAT S. MapReduce：simplified data processing on large clusters［J］.Communications of the ACM，2008，51（1）：107 – 113．

［7］ Dean J，Ghemawat S. MapReduce：a flexible data processing tool［J］.Communications of the ACM，2010，53（1）：72 – 77．

［8］ ZAHARIA M，XIN R S，WENDELL P，et al. Apache Spark：a unified engine for big data processing［J］.Communications of the ACM，2016，59（11）：56 – 65．

［9］ GUPTA S，DUTT N，GUPTA R，et al. SPARK：a high level synthesis framework for applying parallelizing compiler transformations［C］//Proceedings 16th international conference on VLSI design，2003：461 – 466．

［10］ 吕铁，韩娜．智能制造：全球趋势与中国战略［J］.人民论坛，2015（11）：4 – 17．

［11］ 周济．智能制造："中国制造 2025"的主攻方向［J］.中国机械工程，2015（17）：2273 – 2284．

［12］ LIEBESKIND D S. Big and bigger data in endovascular stroke therapy［J］.Expert review of neurotherapeutics，2015，15：335 – 337．

［13］ ROKACH L，MAIMON O. Data mining for improving the quality of manufacturing：a feature set decomposition approach［J］.Journal of intelligent manufacturing，2006，17（3）：285 – 299．

［14］ 张玉东．PG 炼钢厂 MES 系统数据挖掘的设计与开发［D］.成都：电子科技大学，2011．

［15］ 王小巧，刘明周，葛茂根，等．基于混合粒子群算法的复杂机械产品装配质量控

制阀优化方法 [J]. 机械工程学报，2016，52（1）：130 – 138.

［16］ 娄小芳. 基于模式识别和数据挖掘的铝工业生产节能降耗研究 [D]. 长沙：国防科学技术大学，2010.

［17］ QIN W，ZHA D，ZHANG J. An effective approach for causal variables analysis in diesel engine production by using mutual information and network deconvolution [J]. Journal of intelligent manufacturing，2018（9）：1 – 11.

［18］ 武霞. Hadoop 平台下基于聚类和关联规则算法的工程车辆故障预测研究 [D]. 太原：太原科技大学，2015.

［19］ 罗洪波. 汽车售后服务故障件管理及数据挖掘技术应用研究 [D]. 成都：西南交通大学，2008.

［20］ 范卿. 工程机械进程监控系统研究 [D]. 长沙：湖南大学，2011.

［21］ 王诗. 基于数据挖掘技术的矿用提升机故障预警系统的研究 [D]. 北京：北京邮电大学，2009.

［22］ ZHANG L W，LIN J，KARIM R. Sliding window-based fault detection from high-dimensional data streams [J]. IEEE transactions on systems man & cybernetics systems，2016，47（2）：289 – 303.

［23］ PHAM N，PAGH R. A near-linear time approximation algorithm for angle-based outlier detection in high-dimensional data [C] //Proceedings of the 18th ACM SIGKDD international conference on knowledge discovery and data mining，2012：877 – 885.

［24］ SARASWATI A，HAGENBUCHNER M，ZHOU Z Q. High resolution SOM approach to improving anomaly detection in intrusion detection systems [J]. Carcinogenesis，2016，13（6）：947 – 954.

［25］ LV Y. An adaptive real-time outlier detection algorithm based on ARMA model for radar's health monitoring [C] //IEEE Autotestcon，2015：108 – 114.

［26］ KAFADAR K，BARNETT V，LEWIS T. Outliers in Statistical Data [J]. Journal of the American Statistical Association，1995，90（429）：395.

［27］ RADOVANOVIC M，NANOPOULOS A，IVANOVIC M. Reverse Nearest Neighbors in Unsupervised Distance-Based Outlier Detection [J]. IEEE Transactions on knowledge & data engineering，2015，27（5）：1369 – 1382.

［28］ BREUNIG M M，KRIEGEL H P，NG R T，et al. "LoF：Identifying density-based local outliers [C] //Proceedings of the 2000 ACM SIGMOD international conference on management of data，2000：93 – 104.

［29］ ESTER M，KRIEGEL H P，SANDER J，et al. A density-based algorithm for discovering clusters in large spatial databases with noise [C] //Proceedings of 2nd international conference on knowledge discovery and data mining，1996：226 – 231.

[30] ZHANG T, RAMAKRISHNAN R, LIVNY M. BIRCH: An efficient data clustering method for very large databases [J]. ACM SIGMOD Record, 1996, 25 (2): 103 - 114.

[31] HUANG J, ZHU Q, YANG L, et al. A novel outlier cluster detection algorithm without top-n parameter [J]. Knowledge-based systems, 2017, 121: 32 - 40.

[32] LIU H, LI X, LI J, et al. Efficient outlier detection for high-dimensional data [J]. IEEE transactions on systems man & cybernetics systems, 2018, 48 (12): 2451 - 2461.

[33] AGGARWAL C C, YU P S. Outlier detection for high dimensional data [J]. ACM SIGMOD record, 2001, 30 (2): 37 - 46.

[34] ANGIULLI F, BASTA S, PIZZUTI C. Distance-based detection and prediction of outliers [J]. IEEE Transactions on Knowledge and Data Engineering, 2006, 18 (2): 145 - 160.

[35] VU N H, GOPALKRISHNAN V. Feature extraction for outlier detection in high-dimensional spaces [J]. Computer engineering and applications, 2012, 48 (22): 189 - 194.

[36] ZHANG J, LOU M, LING T W, et al. HOS-Miner: a system for detecting outlying subspaces of high-dimensional data [C] //International conference on very large data bases, 2004: 1265 - 1268.

[37] MÜLLER E, ASSENT I, STEINHAUSEN U, et al. OutRank: ranking outliers in high dimensional data [C] //Proceedings of the 24th international conference on data engineering workshop on ranking in databases, 2008: 600 - 603.

[38] KRIEGEL H P, KRÖGER P, SCHUBERT E, et al. Outlier detection in axis-parallel subspaces of high dimensional data [C] //Advances in knowledge discovery and data mining, 13th Pacific-asia conference, 2009: 831 - 838.

[39] MÜLLER E, SCHIFFER M, SEIDL T. Adaptive outlierness for subspace outlier ranking [C] //International conference on information and knowledge management. 2010: 1629 - 1632.

[40] NGUYEN H V, GOPALKRISHNAN V, ASSENT I. An unbiased distance-based outlier detection approach for high-dimensional data [C] //International conference on database systems, 2011: 138 - 152.

[41] KELLER F, MULLER E, BOHM K. HiCS: High contrast subspaces for density-based outlier ranking [J]. International conference on data engineering, 2012, 41 (4): 1037 - 1048.

[42] AGGARWAL C C, YU P S. Outlier detection with uncertain data [C] //Proceedings of the SIAM international conference on data mining, 2008: 483 - 493.

［43］ JIANG B，PEI J. Outlier detection on uncertain data：objects，instances，and inferences ［M］//AYACHE N. Computer vision，virtual reality and robotics in medicine. Heidelberg：Springer Berlin，1995.

［44］ MATSUMOTO T，HUNG E. Accelerating outlier detection with uncertain data using graphics processors ［C］//16th Pacific-Asia Conference on Knowledge Discovery and Data Mining，2012：169－180.

［45］ SHAIKH S A，KITAGAWA H. Top-k outlier detection from uncertain data ［J］. International journal of automation & computing，2014，11（2）：128－142.

［46］ 杨宜东，孙志挥，朱玉全，等. 基于动态网格的数据流离群点快速检测算法 ［J］. 软件学报，2006，17（8）：1796－1803.

［47］ 周晓云，孙志挥，张柏礼，等. 高维类别属性数据流离群点快速检测算法 ［J］. 软件学报，2007，18（4）：933－942.

［48］ ELAHI M，LI K，NISAR W，et al. Efficient clustering-based outlier detection algorithm for dynamic data stream. ［C］//Fifth international conference on fuzzy systems and knowledge discovery，2008：298－304.

［49］ CAO L，LIU X，ZHOU T，et al. A data stream outlier delection algorithm based on reverse k nearest neighbors ［C］//International symposium on computational intelligence & design，2011：1032－1035.

［50］ HE Z，XU X，HUANG J Z，et al. FP-outlier：Frequent pattern based outlier detection ［J］. Computer science and information systems，2005，2（1）：103－118.

［51］ OTEY M E，CHAO W，PARTHASARATHY S，et al. Mining frequent itemsets in distributed and dynamic databases ［C］//IEEE international conference on data mining，2003.

［52］ HE Z Y，XU X F，DENG S C. An Optimization Model for Outlier Detection in Categorical Data ［C］//International conference on intelligent computing，2005：400－409.

［53］ SHU W，WANG S. Information-theoretic outlier detection for large-scale categorical data ［J］. IEEE Transactions on knowledge and data engineering，2013，25（3）：589－602.

［54］ PANG G，CAO L，CHEN L. Outlier detection in complex categorical data by modeling the feature value couplings ［C］//International joint conference on artificial intelligence，2016：1902－1908.

［55］ HUBERT M，ROUSSEEUW P J，SEGAERT P，et al. Multivariate functional outlier detection ［J］. Statistical methods & applications，2015，24（2）：177－202.

［56］ TANG G，BAILEY J，PEI J，et al. Mining multidimensional contextual outliers from categorical relational data ［J］. Intelligent data analysis，2015，19（5）：1171－1192.

［57］ WEI L，QIAN W，ZHOU A，et al. HOT：Hypergraph-based outlier test for categorical data ［C］//Advances in knowledge discovery and data mining, 2003: 399 - 410.

［58］ AGGARWAL C C. Outlier analysis ［M］. 2nd ed. Berlin: Springer-Verlag. 2013.

［59］ ZHANG K, JIN H. An effective pattern based outlier detection approach for mixed attrib-
ute data ［C］//Proceedings of the 23rd Australasian joint conference on advances in arti-
ficial intelligence, 2010: 122 - 131.

［60］ OTEY M E, GHOTING A, PARTHASARATHY S. Fast distributed outlier detection in
mixed-attribute data sets ［J］. Data mining and knowledge discovery, 2006, 12 (2/3):
203 - 228.

［61］ KOUFAKOU A, GEORGIOPOULOS M. A fast outlier detection strategy for distributed
high-dimensional data sets with mixed attributes ［J］. Data mining and knowledge discov-
ery, 2010, 20 (2): 259 - 289.

［62］ BOUGUESSA M. A practical outlier detection approach for mixed-attribute data ［J］. Ex-
pert systems with applications, 2015, 42 (22): 8637 - 8649.

［63］ ANGIULLI F, BASTA S, LODI S, et al. Distributed strategies for mining outliers in
large data sets ［J］. IEEE transactions on knowledge & data engineering, 2013, 25
(7): 1520 - 1532.

［64］ HE Q, MA Y, WANG Q, et al. Parallel outlier detection using KD-tree based on mapre-
duce ［C］//International conference on cloud computing technology and science, 2011:
75 - 80.

［65］ KOUFAKOU A, SECRETAN J, REEDER J, et al. Fast parallel outlier detection for cat-
egorical datasets using MapReduce ［C］//IEEE International joint conference on neural
networks, 2008: 3298 - 3304.

［66］ HONG Y, NA E, JUNG Y, et al. Outlier detection based on mapreduce for analyzing
big data ［J］. Journal of internet computing & services, 2017, 18 (1): 27 - 35.

［67］ CHEN Y, YU J, GAO Y. Detecting trajectory outliers based on spark ［C］//25th In-
ternational conference on geoinformatics, 2017: 1 - 5.

［68］ ERDEM Y, OZCAN C. Fast data clustering and outlier detection using k-means clustering
on apache spark ［J］. International Journal of Advanced Computational Engineering and
Networking, 2017, 5 (7): 86 - 90.

［69］ TANG Z, LV W, LI K, et al. An intermediate data partition algorithm for skew mitiga-
tion in spark computing environment ［J/OL］. IEEE transactions on cloud computing,
2018. ［2021 - 03 - 30］. https://ieeexplore. ieee. org/document/8516368 DOI: 10. 1109/
TCC. 2018. 2878838.

［70］ LIU G, ZHU X, JI W, et al. Sp-partitioner: A novel partition method to handle inter-
mediate data skew in spark streaming ［J］. Future generation computer systems, 2018,

86: 1054 – 1063.

[71] PHINNEY M, LANDER S, SPENCER M, et al. Cartesian operations on distributed datasets using virtual partitioning [C] //International conference on big data computing service and applications, 2016: 1 – 9.

[72] YU J, CHEN H, HU F. Sasm: Improving spark performance with adaptive skew mitigation [C] //IEEE International conference on progress in information and computing, 2015: 102 – 107.

[73] HUR J, LEE H, BAEK J G. An intelligent manufacturing process diagnosis system using hybrid data mining [C] //Industrial conference on data mining. Springer, 2006: 561 – 575.

[74] 徐兰, 方志耕, 刘思峰. 基于粒子群 BP 神经网络的质量预测模型 [J]. 工业工程, 2012, 15 (4): 17 – 20.

[75] 宋健. 基于数据挖掘方法的热轧带钢表面质量缺陷分析 [D]. 上海: 上海交通大学, 2008.

[76] 丁金明. 金属镀层工件表面缺陷自动检测系统的研究 [D]. 天津: 天津大学, 2004.

[77] 郭龙波. 基于数据挖掘方法的冷轧表面质量缺陷分析 [D]. 马鞍山: 安徽工业大学, 2012.

[78] 李杰, 倪军, 王安正. 从大数据到智能制造 [M]. 上海: 上海交通大学出版社, 2016.

[79] FAWCETT T, PROVOST F. Adaptive fraud detection [J]. Data mining & knowledge discovery, 1997, 1 (3): 291 – 316.

[80] ZHOU C, HUANG S, XIONG N, et al. Design and analysis of multimodel-based anomaly intrusion detection systems in industrial process automation [J]. IEEE Transactions on systems, man, and cybernetics: systems, 2015, 45 (10): 1345 – 1360.

[81] HARVEY D Y, TODD M D. Structural health monitoring feature design by genetic programming [J]. Smart Materials & Structures, 2014, 23 (9): 1 – 15.

[82] ZHANG X, BOSCARDIN W J, BELIN T R, et al. A Bayesian method for analyzing combinations of continuous, ordinal, and nominal categorical data with missing values [J]. Journal of Multivariate Analysis, 2015, 135: 43 – 58.

[83] CHEN X, YE Y, XU X, et al. A feature group weighting method for subspace clustering of high-dimensional data [J]. Pattern Recognition, 2012, 45 (1): 434 – 446.

[84] KRIEGEL H P, KRÖGER P, SCHUBERT E, et al. Outlier Detection in arbitrarily oriented subspaces [C] //International conference on data mining. IEEE, 2012: 379 – 388.

[85] ZHANG J, YU X, LI Y, et al. A relevant subspace based contextual outlier mining algorithm [J]. Knowledge Based Systems, 2016, 99: 1 – 9.

[86] STREET W N. UCI Machine learning repository [EB/OL]. [2021 – 03 – 31]. http: // archive. ics. uci. edu/ml.

[87] KOUFAKOU A. Scalable and efficient outlier detection in large distributed data sets with mixed-type attributes [D]. Orlando: University of Central Florida, 2009.

[88] HE Z, DENG S, XU X, et al. A fast greedy algorithm for outlier mining [J]. Lecture Notes in Computer Science, LNCS 3918, Heidelberg: Springer, 2005: 567 – 576.

[89] IENCO D, PENSA R G, MEO R. A semisupervised approach to the detection and characterization of outliers in categorical data [J]. IEEE transactions on neural networks and learning systems, 2016, 28 (5): 1017 – 1029.

[90] LIN L, HEDAYAT A S, WU W. Categorical data [M]. New York: Springer, 2012.

[91] MACKAY D J C. Information theory, inference and learning algorithms [M]. Cambridge: Cambridge University Press, 2003.

[92] WONG A K C, LIU T S. Typicality, diversity, and feature pattern of an ensemble [J]. IEEE transactions on computers, 1975, 24 (2): 158 – 181.

[93] HAN J, KAMBER M, PEI J. Data mining: concepts and techniques [M]. 3rd ed. The Netherlands: Morgan Kaufman, 2012.

[94] AU W-H, CHAN K C C, WONG A K C, et al. Correction to "attribute clustering for grouping, selection, and classification of gene expression data" [J]. IEEE/ACM transactions on computational biology & bioinformatics, 2007, 4 (1): 157.

[95] FREITAS A A. Scalable, high-performance data mining with parallel processing [M] // RAEDT L D, SIEBES A. Principles of data mining and knowledge discovery. Heidelberg: Springer Berlin, 1998: 477.

[96] GU J, ZHENG Z, LAN Z, et al. Dynamic meta-learning for failure prediction in large-scale systems: a case study [C] //International conference on parallel processing, 2008: 157 – 164.

[97] LOW Y, GONZALEZ J, KYROLA A, et al. Distributed GraphLab: A Framework for Machine Learning and Data Mining in the Cloud [J]. Proceedings of the VLDB endowment, 2012, 5 (8): 716 – 727.

[98] 刘海涛, 魏汝祥, 袁昊劼. 基于互信息的混合属性数据特征选择方法 [J]. 海军工程大学学报, 2016, 28 (4): 78 – 84.

[99] SONG J, ZHU Z, PRICE C. Feature grouping for intrusion detection system based on hierarchical clustering [C] //International conference on availability. springer international publishing, 2014: 270 – 280.

[100] LEE K C. A technique of dynamic feature selection using the feature group mutual infor-mation [C] //Methodologies for knowledge discovery and data mining, 1999: 138 – 142.

[101] FARID D M, NOWE A, MANDERICK B. A feature grouping method for ensemble clus-tering of high-dimensional genomic big data [C] //Future technologies conference, 2016: 260 – 268.

[102] CHAN A P F, NG W W Y, YEUNG D S, et al. Bankruptcy prediction using multiple classifier system with mutual information feature grouping [C] //IEEE International conference on systems, man and cybernetics, 2006: 845 – 850.

[103] LI J L, ZHANG J F, PANG N, et al. Weighted outlier detection of high-dimensional categorical data using feature grouping [J]. IEEE transactions on systems man and cy-bernetics systems, 2018, 50 (11): 1 – 14.

[104] ANGIULLI F, PIZZUTI C. Outlier mining in large high-dimensional data sets [J]. IEEE transactions on knowledge and data engineering, 2005, 17 (2): 203 – 215.

[105] GAO W, KANNAN S, OH S, et al. Estimating mutual information for discrete-continu-ous mixtures [C] //Proceedings of the 31st international conference on neural informa-tion processing systems, 2017: 5988 – 5999.

[106] YANG H H, AMARI S I. Adaptive online learning algorithms for blind separation: Max-imum entropy and minimum mutual information [J]. Neural computation, 1997, 9 (7): 1457 – 1482.

[107] KRIER C, FRANOIS D, ROSSI F, et al. Feature clustering and mutual information for the selection of variables in spectral data [C] //European symposium on artificial neu-ral networks, 2009: 25 – 27.

[108] PENG H, LONG F, DING C. Feature selection based on mutual information criteria of max-dependency, max-relevance, and min-redundancy [J]. IEEE transactions on pat-tern analysis & machine intelligence, 2005, 27 (8): 1226 – 1238.

[109] KOEMAN M, HESKES T. Mutual information estimation with random forests [C] // International conference on neural information processing, 2014: 524 – 531.

[110] FIORI S. Blind deconvolution by simple adaptive activation function neuron [J]. Neuro-computing, 2002, 48 (1/4): 763 – 778.

[111] BATTITI R. Using mutual information for selecting features in supervised neural net learning [J]. IEEE transactions on neural networks, 1994, 5 (4): 537 – 550.

[112] COELHO F, BRAGA A P, VERLEYSEN M. A mutual information estimator for contin-uous and discrete variables applied to feature selection and classification problems [J]. International journal of computational intelligence systems, 2016, 9 (4): 726 – 733.

[113] TODOROV D, SETCHI R. Time-efficient estimation of conditional mutual information for variable selection in classification [J]. Computational statistics and data analysis, 2014, 72 (3): 105 – 127.

[114] SUZUKI J. An estimator of mutual information and its application to independence testing [J]. Entropy, 2016, 18 (4): 109.

[115] YU D, SHUANG A, HU Q. Fuzzy mutual information based min-redundancy and max-relevance heterogeneous feature selection [J]. International journal of computational intelligence systems, 2011, 4 (4): 619 – 633.

[116] HU Q, ZHANG L, ZHANG D, et al. Measuring relevance between discrete and continuous features based on neighborhood mutual information [J]. Expert Systems with applications, 2011, 38 (9): 10737 – 10750.

[117] RAMTIN S, PARASTOO S, RODNEY K, et al. Parallel computation of mutual information on the GPU with application to real-time registration of 3d medical images [J]. Computer methods and programs in biomedicine, 2010, 99 (2): 133 – 146.

[118] SAXENA S, SHARMA S, SHARMA N. Parallel computation of mutual information in multicore environment and its applications in medical image registration [C] //International conference on medical imaging, m-health and emerging communication systems, 2014.

[119] ADINETZ A, KRAUS J, AXER M, et al. Computation of mutual information metric for image registration on multiple GPUs [C] //IEEE aerospace conference, 2013.

[120] 徐伟峰. 埃美柯阀门车间智能制造系统改造方法研究 [D]. 宁波: 宁波大学, 2017.

[121] 祝旭. 故障诊断及预测性维护在智能制造中的应用 [J]. 自动化仪表, 2019, 4 (7): 66 – 69.

[122] 赵旭俊. MapReduce 集群环境下的离群数据检测及应用 [D]. 太原: 太原科技大学, 2019.

[123] 荀亚玲. 集群环境下的关联规则挖掘及应用 [D]. 太原: 太原科技大学, 2017.

[124] 白万真, 魏世忠, 龙锐. 冷轧辊典型失效形式分析综述 [J]. 铸造技术, 2006, 27 (9): 1010 – 1014.

[125] 郑宏娉, 杨旭东, 唐加福, 等. FMEA 在冷轧辊生产过程中的应用 [C] //第九届中国青年信息与管理学者大会. 2007.

[126] 王立岩, 唐加福, 宫俊. 冷轧辊生产中机加工环节的关键工序质量控制 [J]. 东北大学学报 (自然科学版), 2009, 30 (6): 786 – 789.

[127] 陈纲. 冷轧辊质量统计与分析系统: 质量分析子系统的设计与实现 [D]. 沈阳: 东北大学, 2010.

附　录

性质 2.1　证明：根据公式 (2.8)，

$$Score(x_{i,j}) = w(y_j)g(n(x_{i,j}))$$

$$= w(y_j)\left[(n(x_{i,j})-1)\log(n(x_{i,j})-1) - n(x_{i,j})\log n(x_{i,j})\right]$$

$$= w(y_j)\log\frac{(n(x_{i,j})-1)^{n(x_{i,j})-1}}{n(x_{i,j})^{n(x_{i,j})}}$$

当 $n(x_{i,j}) > 1$ 时，得到 $\dfrac{(n(x_{i,j})-1)^{n(x_{i,j})-1}}{n(x_{i,j})^{n(x_{i,j})}} < 1$，因此 $\log\dfrac{(n(x_{i,j})-1)^{n(x_{i,j})-1}}{n(x_{i,j})^{n(x_{i,j})}} < 0.$

故，$Score(x_{i,j}) < 0.$

性质 2.2　证明：$Score(x_{i,j}) - Score(x_{k,j})$

$$= w(y_j)\log\frac{(n(x_{i,j})-1)^{n(x_{i,j})-1}}{n(x_{i,j})^{n(x_{i,j})}} - w(y_j)\log\frac{(n(x_{k,j})-1)^{n(x_{k,j})-1}}{n(x_{k,j})^{n(x_{k,j})}}$$

$$= w(y_j)\log\frac{(n(x_{i,j})-1)^{n(x_{i,j})-1}}{n(x_{i,j})^{n(x_{i,j})}} \times \frac{n(x_{k,j})^{n(x_{k,j})}}{(n(x_{k,j})-1)^{n(x_{k,j})-1}}$$

设 $\alpha(n(x_{i,j})) = \dfrac{n(x_{i,j})^{n(x_{i,j})}}{(n(x_{i,j})-1)^{n(x_{i,j})-1}}$，　$\varphi(n(x_{i,j}),n(x_{k,j})) = \dfrac{\alpha(n(x_{k,j}))}{\alpha(n(x_{i,j}))}$，

因为 $\alpha'(n(x_{i,j})) > 0$，

$n(x_{k,j}) > n(x_{i,j})$ 且 $n(x_{i,j}) > 1$，

所以

$$\varphi(n(x_{i,j}),n(x_{k,j})) \geqslant 1,$$

得到

$$Score(x_{i,j}) - Score(x_{k,j}) \geqslant 0.$$